悪魔のマーケティング

ASH（Action on Smoking and Health）／編
切明義孝・津田敏秀・上野陽子／翻訳・解説・編集

［タバコ産業が語った真実］

日経BP社

はじめに

切明　義孝

　タバコってそもそもなんだろう？

　タバコを吸う方も吸わない方も、タバコの正体についてちゃんと考えたことのあるひとは、案外少ないのではないでしょうか。

　タバコは、タバコの煙を吸うための装置です。通常、人間が煙を吸って気持ちよくなることはありません。焚き火やどんど焼きの煙でむせた経験はだれにでもあるはずです。ところが、ことタバコ（それから大麻も）の煙となると、好んで吸うひとがたくさんいます。なぜでしょうか。それは、タバコや大麻の煙のなかには人間に快感をもたらす薬物が含まれているからです。

　タバコに含まれている薬物とはニコチンのことです。タバコの煙を吸うと、煙に含まれるニコチンは肺の血管から血液に吸収され、そして脳へと運ばれます。ニコチンは脳に作用し人間に快感を与えます。タバコを吸って一服というのは、要するに煙を介して脳にニコチンを送り込み、快感を得ることなのです。

　タバコを吸うとひとは快感を得ます。けれどもこの快感は長く続きません。せいぜい30分程度です。30分を過ぎるとニコチン切れの状態に陥り、イライラするなど不愉快な禁断症状が出てきて、タバコが吸いたくてたまらなくなります。かくしてタバコが癖になってやめられなくなり、朝から晩までタバコを吸い続ける「ニコチン依存症」になってしまうわけです。こうなると、1日たりともタバコを吸わずに生活するのが困難になります。

　おわかりでしょうか。タバコの本質はこの依存性にあるのです。

　喫煙者は「好きでタバコを吸っている」つもりが、いつのまにか「タバコなしでは生きていけない」状態に陥ります。これはタバコを製造販売するタバコ産業にとって実に都合がよい。なぜならば、タバコに強い依存性があるせいで、喫煙者は毎日タバコを買って吸い

続けずにはいられません。結果、タバコ産業には苦もなく莫大な利益がもたらされます。

アメリカ国立疾病防疫センター（CDC）の調査によれば、喫煙者の70%が、「タバコをやめたい」と回答しています。けれども彼らの多くは喫煙者であり続けます。なぜでしょうか。それはタバコに依存性があるために、やめようにもやめられないからです。逆に言えば、もしタバコに依存性がなければ喫煙者の70%はすぐにでもタバコをやめてしまうのです。70%の消費者を失えば、タバコ産業は即崩壊するでしょう。

喫煙者はいつのまにかニコチンの依存性に支配され、発癌物質であるタールの吸入を余儀なくされます。「喫煙の自由」「喫煙の権利」という言葉がありますが、タバコの依存性を考えるとこの表現は正確ではありません。喫煙者の大半は本人の意志ではなくニコチンの依存性のせいで、タバコを「吸わされている」のですから。

タバコの箱には「健康をそこなうおそれがありますので吸いすぎに注意しましょう」と書かれていますが、この表示もおかしいですね。そもそも依存性があるのですから、「吸いすぎに注意しようにも注意できない」というのが現実なのです。

私たちは改めて、ニコチンに依存性があるからこそ今日のタバコ産業の繁栄があるという事実を知るべきです。

では、タバコ産業はいかにしてこのニコチンの依存性という特徴を利用しながら世界中でタバコ市場を拡大してきたのか——その詳細を明らかにしたのが本書です。

本書の原著である『Tobacco Explained』は、英国のNGO、ASH（Action on Smoking and Health）が、欧米タバコ産業の内部文書に記された数々の証言をまとめたものです。

原文はASHの手により作成され、ASHのホームページ

(http://www.ash.org.uk/html/conduct/html/tobexpld0.html) で公開されました。その後、世界保健機関WHOが、2001年に開催した世界禁煙デーの公式ホームページに『Tobacco Explained』を掲載し、タバコ産業の悪質なビジネス戦略を世界に向けて公表しました。その内容はあまりに衝撃的で各国で話題を呼んだのですが、なぜか日本ではマスメディアもほとんど取り上げることはありませんでした。

当時、WHOの世界禁煙デーのホームページに公開された『Tobacco Explained』の内容に深く興味を抱いた私は、日々の仕事を終えたのちにプライベートな時間を利用して徐々に翻訳を進め、ASHの了承を得たうえで、私が主催しているメーリングリスト「公衆衛生ネットワーク」(http://home.att.ne.jp/star/publichealth/) で翻訳版を配信しました。「公衆衛生ネットワーク」とは、公衆衛生、産業保健、感染症、その他健康危機関連情報の交換のために、私が参加者を募ってつくったメーリングリストです。参加者の間でも『Tobacco Explained』の私家版翻訳は評判でした。彼らの声に背中を押され、津田敏秀先生をはじめ、多くの人々の助けを借りて、書籍化にこぎつけたのが本書です。

本書に目を通すと、その衝撃的なすべての内容がタバコ産業の内部関係者の発言によってつづられていることに驚きを隠せません。なぜ、タバコ産業側にしてみればこんな不利な内容の文書が公になったのでしょうか。

実は1980年代から90年代にかけて、欧米では人々の健康を不当に害してきたとして、複数のタバコ産業が訴えられたり、タバコ産業の従業員が内部告発を行ったりしました。それを受けて各国の政府機関や裁判所は彼らに証拠の提出を求めました。結果、数多くの内部文書が公にされたわけです。

タバコ産業の内部告発といえば、アル・パチーノとラッセル・ク

ロウ主演の映画『インサイダー』を思い浮かべる方もいらっしゃるかもしれません。この映画は実在の人物がモデルでしたが、本書にもタバコ産業の姿勢に疑問を抱く社員たちが多数登場します。

タバコ産業の内部文書が公表されるようになり、欧米ではタバコ病訴訟で原告の患者側が勝利するようになりました。また、WHOが推進する国際的なタバコ規制条約「タバコ規制枠組み条約」の締結への動きを後押ししたのも、タバコ産業内部文書の公開がきっかけでした。

本書によれば、タバコ産業は1960年代初めにはすでにニコチンに依存性があることに気づいていました。タバコの煙が健康によくないこともタバコ産業内部の科学者は知っていました。それを知ったうえでタバコ産業は、未成年、女性、途上国をターゲットに据え、喫煙者を増やし、タバコ市場を拡大していったのです。

本書の面白さは、タバコ産業のこうした所業をタバコ産業自らの言葉で明かしていく点です。いかにしてタバコの危険性を世間の目から隠し、政府の規制を逃れ、子供や若者や女性や途上国市場にタバコを売り込んでいったのか——。見事ともいえるタバコ産業のマーケティングの徹底ぶりは、ある意味でビジネスのプロの方々に参考になる内容ですらある、と思います。だからこそ、タバコはわずか1世紀の間に世界中を席巻したのでしょう。

それではこれからタバコ産業の内部文書を紐解いていきましょう。

ASHと『Tobacco Explained』について

ASHリサーチマネジャー　アマンダ・サンドフォード

　ASH（Action on Smoking and Health）は、英国ロンドンに本拠地を置く健康推進団体です。ASHは、成人と未成年の喫煙率の減少を促す政策が実行されるよう、政府へのロビー活動を行っています。ASHが主張する政策には、タバコ広告の禁止、喫煙者の禁煙を手助けする措置の実行、タバコ税の持続的な増税、職場および公共の場での禁煙義務づけなどがあります。

　ASHは1971年、Royal College of Physicians（英国王立内科専門医会）によって設立されました。以来30年、英国の喫煙率は確実に下がり続け、喫煙に対する世論も明確に変化しました。今日の英国では、喫煙は一般的に反社会的行為とみなされています。

　本書の原著である『Tobacco Explained』は、米国のタバコ関連訴訟の過程で公にされたタバコ産業の内部文書を基に作成されました。これら内部文書が明らかにしたのは、タバコ産業が、文字通り"煙幕"を張り、タバコの健康に与える害悪を隠し続けてきた、という事実です。それまで、喫煙と健康に関するタバコ産業の公式見解は、たとえば喫煙が癌の原因になるのは疑わしい、といった類のものでした。ところが当の内部文書を見ると、タバコの害について彼らは明確に認めていのです。その違いはあからさまなほどでした。

　ASHではこのタバコ産業の発言の矛盾を世に広く伝えるべきと考え、公開されたタバコ産業の内部文書情報を収集し、ブックレットのかたちでまとめることにしました。そして1998年できあがったのが『Tobacco Explained』です。

目　次

はじめに　切明　義孝 …………………………………… 1
ASHと『Tobacco Explained』について ……………… 5

本書のあらまし ……………………………………………… 7
第1章　タバコと健康 …………………………………… 15
第2章　ニコチンと依存性 ……………………………… 49
第3章　子供たちを喫煙者に …………………………… 73
第4章　タバコ産業の広告宣伝戦略 ………………… 113
第5章　新しいタバコの開発――添加物／低タール／
　　　　　"安全な"タバコ …………………………… 143
第6章　受動喫煙の恐怖 ……………………………… 167
第7章　新興市場を狙え――アジア、アフリカ、旧東欧 … 185
第8章　「女性」という最後の巨大市場 …………… 199

References …………………………………………………245
あとがき　津田　敏秀…………………………………… 265
付記　――日本の情勢について………………………… 272

本書のあらまし

　欧米のタバコ産業は、これまで驚くほど計画的に、しかも組織ぐるみで"ウソ"をついてきました。それが明らかになったのは、本書でこれから語るように、訴訟や内部告発によって、1950年代以降から現在に至る数千ものタバコ産業の内部文書が公になったからです。本書では、ASH（Action on Smoking and Health）が調査した各種文書の中から「証言」を拾い出し、テーマ別に紹介することで、「欧米のタバコ産業がどんな本音をもらしてきたか？」をつまびらかにしていきます。

「第1章　タバコと健康」について

　タバコ産業は、1950年代にはすでに喫煙と肺癌の間に因果関係があることに気づいていました。それにもかかわらず近年に至るまで、タバコ産業は「タバコには発癌性がある」という明白な事実を否定し続けています。なぜ、タバコ産業が喫煙と健康の関係を否定するのか？　その裏で糸を引いているのは、タバコ会社の顧問弁護士とマーケティング担当者でした（訳注：弁護士は訴訟を避けようと考え、マーケティング担当者はタバコのイメージ戦略を練っているためです）。

「第2章　ニコチンと依存性」について

　タバコ産業はニコチンに依存性があることを否定してきました。しかし、タバコ産業は1960年代までにニコチンの依存性について知っていたのです。だからこそ逆にタバコ産業は、消費者をニコチン依存症にすることでタバコ消費量を増やすという販売戦略をとることができました。そもそも、ニコチンに依存性がなければタバコ産業は成立しません。ニコチンには依存性があるのです。ゆえに、「タバコは個人の嗜好による選択で嗜むものです」とするタバコ産業の決め台詞と、「タバコは合法的な嗜好品です」というタバコ産業の考え方は、完全に否定されるのです。

「第3章　子供たちを喫煙者に」について

　タバコ産業は、自分たちが子供をターゲットにしてタバコを販売している事実を決して認めません。けれども、数多くの内部文書から、タバコ産業が子供と就業前の未成年者を対象にタバコを宣伝・販売していることは明らかな事実です。これは、あらかじめ若年層を狙えば、若いうちに喫煙習慣が広まりやすいことを知り抜いたう

えでの戦略なのです。

「第4章　タバコ産業の広告宣伝戦略」について

　タバコ産業は、タバコの広告の目的はあくまで「ブランドのイメージ告知」にあり、「タバコの消費量増加は決して目的ではない」と主張しています。しかし、タバコ産業の内部文書には、「タバコの広告はひとびとにタバコを吸うきっかけを与える不可欠の要素である」と明記されています。タバコ産業は、広告を通じて「大人っぽさ」「男っぽさ」「色っぽさ」「知的」といったタバコに対する偏ったポジティブなイメージをひとびとに植えつけ、彼らに喫煙を促しているのです。

「第5章　新しいタバコの開発──添加物／低タール／"安全な"タバコ」について

　タバコ産業は、過去に健康に害のない「安全なタバコ」の開発を計画していました。しかし、安全なタバコの開発は従来のタバコが危険であった事実を認めることになると気づき、計画を中止しました。そこで今度は「低タール」タバコを販売し、低タールに健康上のメリットなど実はないにもかかわらず、消費者を安心させたのです。

　実際には、紙巻タバコには、ニコチンの吸収を促進する添加物が含まれています。タバコは、ニコチンを人体に注入するいわば"注射器"なのです。

「第6章　受動喫煙の恐怖」について

　タバコ産業は、2つの理由から受動喫煙の危険性を否定しています。
　第1に、受動喫煙の害を認めて非喫煙者を守ろうとすると、非喫煙者が喫煙者になる機会を奪い、喫煙者が社会的に受け入れられに

くくなります。第2に、受動喫煙の害を認めると、もはや「喫煙の自由」を主張できなくなります。そのため、受動喫煙は有害だと結論づける膨大な証拠があるにもかかわらず、タバコ産業は受動喫煙の有害性を否定し続けてきました。そして、タバコ産業は大金を払って医師を買収し、討論会を開き、受動喫煙の害を彼ら専門家に否定させているのです。

「第7章　新興市場を狙え──アジア、アフリカ、旧東欧」について

　西欧では近年タバコの売り上げが減少しています。市場の縮小に伴い、タバコ産業は新たな利益を求めて東欧や発展途上国で積極的に市場を開拓しています。本章で紹介する内部文書から、タバコ産業がまるで帝国主義者のように傲慢にふるまい、自分たちを擁護するためにあらゆる方法でタバコの害をごまかそうとするさまがうかがえます。

「第8章　『女性』という最後の巨大市場」について

　本章は、1998年にASHが発表したオリジナルの「Tobacco Explained」に、2003年新たに加えられた補遺文書です。「Tobacco Explained」は、米国でのタバコ関連訴訟に伴って公表されたタバコ産業の数千もの内部文書をもとに編集されたものですが、本章も、タバコ産業が女性市場をいかに開拓しようとしてきたのかを内部文書によって徹底描写していきます。

タバコ産業の2つの顔

　タバコ産業は、「タバコは社会的に認められた習慣であり、我々は合法的な嗜好品であるタバコの製造者だ」として堂々と活動してきました。けれども彼らは、タバコは健康に害があることなどもちろん承知のうえで、快楽を求めて喫煙をする大人たちに、あいまいな対応しかしてきませんでした。さらにその一方で、市場の原動力となる若者をとりこむことに力を注ぐなど、タバコ産業は自らの利益のためにひとびとを食い物にする恐ろしい側面も持っています。

　そのためにタバコ産業は、莫大な経費を投じて宣伝活動を行い、タバコにポジティブなイメージをまとわせます。喫煙者は、ニコチンによる快感が切れると、禁断症状があらわれ、タバコ常習者になり、ますますタバコ産業にカネをつぎ込むことになります。喫煙者がニコチン依存症になると、タバコを原因とするさまざまな重い疾患に罹り、2人に1人は死に至るという統計すらあります。その結果、喫煙者が死亡してしまえば、タバコ産業は新たに喫煙者を補充する必要性が生じてきます。

　かくして、このサイクルは繰り返されることになるわけです。

タバコ産業が認めるべき事実

　タバコ産業が正当化してきた10項目の"タバコに関する事実"を列挙します。タバコ産業は今こそ事実を認めるべきです。

1　喫煙は、癌、心疾患、呼吸器疾患などさまざまな病気をもたらし、人体に致命的な障害を与えます。にもかかわらず、タバコ産業は喫煙が肺癌の原因になるという事実を決して認めようとしません。

2　タバコによる死亡者数は世界中で年間400万人にのぼります。英国では年間10万人以上の早期死亡が確認されています。長期間の喫煙を続けた人間の2人に1人が早期死亡する勘定です。2030年に死亡者数は世界中で年間1000万人にのぼるとみられています。しかもこうしたタバコの犠牲者の70％は発展途上国のひとびとなのです。

3　ニコチンはタバコの根幹を成す最も重要な成分です。タバコ産業は、いわば「麻薬ビジネス」です。ニコチンは麻薬の一種で、タバコはニコチンを体に注入するための"注射器"です。それでもタバコ産業はタバコを単なる嗜好品であると主張しています。

4　ニコチンには肉体的にも精神的にも依存性があり、ヘロインやコカインといった麻薬とその作用が似通っています。これはショッピングやチョコレートやインターネットにおぼれてしまうのとはわけが違います。大多数の喫煙者は、きわめて重度のニコチン依存症になり、禁煙は困難になります。それでも、タバコ産業は「ニコチンには依存性がない」と主張し続けているのです。

5 タバコ産業は、ティーンエイジャー（13～18歳）はもちろん、13歳未満の子供たちすらも重要な"お客さま"と捉えています。タバコ産業は、子供たちに狙いを定め、子供マーケットの中でシェアの奪い合いをしています。それにもかかわらず、タバコ産業は「タバコは大人の嗜好品である」と主張しています。

6 広告宣伝活動によりタバコの消費は増加していますが、タバコ産業は広告で消費量が増加している事実を否定しています。

7 タバコ広告の多くは、ティーンエイジャーと子供たちに喫煙習慣をつけさせることを目的としていますが、タバコ産業はそれを否定しています。

8 低タールタバコには、ほとんど健康上の利点がないという研究結果が出ています。それにもかかわらず、タバコ産業は低タールタバコが健康的であるという誤った安心感を消費者に与えています。しかし、タバコ産業は、「低タールタバコには健康上のメリットなどなに一つない」という事実について、否定も反論もしません。

9 受動喫煙は、子供たちに喘息、気管支炎、乳幼児突然死、中耳炎などを引き起こします。成人の肺癌および心臓疾病の原因となります。受動喫煙は公衆衛生上の大きな脅威です。それでもタバコ産業は「受動喫煙は健康に害はない」と誤った情報を流しています。

10 他のあらゆる産業ではあたりまえの話ですが、タバコ産業もやはり「人に危害を与えるような製品」を製造することは許されません。でき得る限り安全な製品を製造する義務があるのです。

第1章
タバコと健康

「タバコの害を喧伝される方々に、『科学的根拠があるんですか？』と尋ねるのは、我々タバコ産業の常套手段だ。そうクギを刺しておけば、あらゆる対応が遅れ、規制もなかなかかけられないからね。実際の話、これまで**タバコの有害性が科学的に証明されたことなどない**。科学的証拠が、政治的あるいは法的な規制の根拠になったこともないし、これからも規制の根拠なんかにさせてはならないんだ」

（タバコ会社BATに勤める科学者の率直な発言　S.J.グリーン　1980年）
【※1】

「もちろんそんなもの吸わないさ。俺たちはただ売るだけ。タバコを吸う権利なんざ、**ガキ**ゃ**貧乏人、黒人**、それからその他の**おバカな方々**に謹んでさしあげますよ」

（イギリスITV放送「ファースト・チューズデー」より　1992年）

概　要

　1950年代初め、喫煙と肺癌には統計学的な関連性が認められるという研究結果が、ワインダー・グラハム博士、リチャード・ドール博士、ブラッドフォード・ヒル博士らによって発表されました。同時にタバコ産業も喫煙と癌に関する研究を開始し、喫煙と癌の関係を認めざるを得なくなりました。そこでタバコ産業は、重大な選択を迫られることになります。つまり、喫煙と肺癌の関係を認めたうえで販売戦略を練るのか、あるいは基本的に喫煙と肺癌の関係すべてを否定するのか、ということです。

　タバコ産業は、「タバコが健康に悪影響を及ぼす」という自分たちに不利な証拠をいくつも突きつけられました。タバコ産業はこれらの証拠を否定し、「タバコは健康に害など及ぼさない」と反論しました。が、タバコと健康に対する大衆の関心は次第に大きくなっていきます。そこでタバコ産業は、紙巻タバコにフィルターをつけて、とりあえず大衆の不安を解消することにしました。そのうえで、タバコの健康への影響も研究していくことを約束したのです。

　タバコ産業は、誤った情報を流して喫煙者を安心させようとしました。その結果、タバコが健康によくないなどとは誰も考えなくなりました。これで、仮にひとびとの健康が犠牲になったとしても、タバコの害が実証されるまで時間稼ぎができるわけです。

　しかし、膨大な内部文書が1つの事実をつまびらかにします。タバコ産業自身が、喫煙が安全だとはまったく考えていなかったのです。何十年もの間、何百万人ものひとびとがタバコの害によって死亡しています。それにもかかわらず、タバコ産業は「喫煙の有害性は証明されていない」と盛んに主張し続けてきたのです。

第1章　タバコと健康

　1950年代初め、喫煙と肺癌の関係について、統計学的な研究に基づいた証拠が公表されました。同時期にタバコ産業も、タバコに含まれる発癌性物質の分析と喫煙と癌の関係を明らかにするための研究を開始しました。

　1950年代終わり、タバコ産業の科学者は、公にではありませんが、喫煙と肺癌に因果関係があることをすでに認めています。それにもかかわらず30年たってもなお、大多数のタバコ会社はタバコの発癌性を否定していました。そんな中、1997年、米国のリゲット社がタバコと肺癌の因果関係を認め、他のタバコ会社をあわてさせました。

　1950年代終わりから1960年中頃にかけて、タバコ産業の科学者たちは、経営者にタバコの有害性を認めさせたうえで、市場開拓の方法を模索し、問題を解決しようと訴えました。そこで「安全なタバコ」の研究が試みられましたが、「安全なタバコ」を販売すれば、「従来のタバコには害がある」とタバコ産業自ら認めることになります。このため、タバコ産業側の弁護士は、「安全なタバコ」など販売できないと主張し、タバコ産業は「安全なタバコ」の開発研究を打ち切ることにしました。

　米国のタバコ産業は訴訟されるかもしれないという恐怖におびえ、同様の恐怖は英国のタバコ産業にまで波及していきました。訴訟に対するこの恐怖心が、タバコ産業内部での極秘研究の内容や公的発言の中身にまで影響を及ぼすことになります。
　米国のタバコ産業は、研究スタッフのかわりに弁護士を雇い、ほとんどの研究施設を閉鎖しました。フィリップモリスのように、密かにドイツに研究所を移したケースもあります。米国のタバコ産業

は英国のタバコ産業にも圧力をかけ、タバコの害を認める研究を公表しないように促しました。「知らぬが仏」と書かれたメモまで見つかっています。

1960年代初め、タバコ産業の弁護士は健康問題を意識し、訴訟対策としてタバコの箱に警告文を記載することを提案しました。そして1960年代後半には、警告文さえ記載していれば、訴訟はタバコ産業側に有利に運ぶと確信したのです。

1970年代初め、タバコ産業は、喫煙と肺癌の因果関係を認めてしまうと自身の信用を傷つけることになると考え、「タバコと癌の因果関係は、まだ理論的に証明されていない」と主張し続けることにしました。因果関係を認めないというタバコ産業の弁護士の方針は、タバコ産業内部の研究者にとっては受け入れがたいものでした。

タバコ産業にとって最も重要な戦略は、喫煙の健康への影響を明らかにすることではなく、健康への影響に関する情報の混乱と論争を引き起こし、その状態を継続させることでした。喫煙と健康の関係を示す科学的な証拠を否定する一方で、タバコ産業は（タバコは有害だと主張するひとびとに）絶対的な証拠を要求し、害を証明する研究の続行を求めました。その一方で、タバコ産業は研究者に莫大な資金をこっそり提供し、癌の原因となる他の因子を見つけさせ、喫煙が健康へ及ぼす影響を否定しようとたくらみました。

タバコ産業は、研究者たちにこんな言葉を浴びせかけます。──「臨床的・実質的な証拠なし」「研究室で立証されてなく、結論も出ていない」「統計的にも科学的にも証明されていない」「科学的な根拠も決定的な証拠もない」そして、「科学的に実証されていない」。

第1章　タバコと健康

「喫煙は肺癌の原因ですか？　YesかNoで答えなさい」
　1998年になってもまだ、タバコ産業の代理人はこの質問に率直に「Yes」とは答えませんでした。

重要な事実

　英国保険教育局（HEA＝Health Education Authority）の統計（1995年）によると、英国ではタバコが原因で年間12万1000人が死亡しています【*2】。
　タバコによる死因は次のように分類されます。

<u>38%　癌　　（このうち3分の2は肺癌）</u>
<u>34%　心臓血管系疾患</u>
<u>28%　呼吸器疾患</u>

　では、英国におけるその他の死亡原因の内訳を眺めてみましょう。
　交通事故（3647人）、食中毒・薬物乱用（1071人）、偶然の事故死（9974人）、殺人（448人）、自殺（4175人）、およびHIV感染症（577人）。以上すべての死亡者数の合計は1万9892人。タバコによる死亡者は、これら他の原因による死亡者の合計よりも6倍も多いというわけです【*3】。

　長期にわたって喫煙習慣がある人の場合、その半数が寿命に達することなく、中年期に死亡します【*4】。先進国においては、喫煙者の平均寿命は非喫煙者よりも16歳も短くなっています【*5】。

　世界全体ではタバコが原因で毎年約300万人が死亡しています（訳注：1995年の *Tobacco or Health：A Global Status Report, 1997, World Health Organization* を引用したと思われる）。その数は今後も増え続け、2030年までには、喫煙で原因で毎年1000万人が死亡するとみられています。WHOによれば、ヨーロッパ地域では喫煙で年

間。約120万人が死亡しています【*6】。

　タバコの煙には4000以上の化学物質が含まれています。その多くは発癌性物質や変異原性物質など有害なものです【*7】。

タバコ産業が語った真実

1960年代初期～中期

リチャード・ドール博士とブラッドフォード・ヒル教授は、1952年、『BMJ（British Medical Journal＝ブリティッシュ・メディカルジャーナル）』誌に「喫煙と肺癌の真実の関係」という研究を発表しました。【※8】

米国の『キャンサーリサーチ』誌は、アーネスト・ワインダー博士の研究を掲載しました。それは「タバコの煙の成分をハツカネズミの皮膚に塗ったところ、44％のハツカネズミに癌様の腫瘍が発生した」という内容でした。博士は**「タバコに発癌性があることが動物実験で証明された」（1966年）**【※9】と主張しました。

タバコ産業はこの主張を受け入れたかのように見えました。

「長期にわたって大量の喫煙を行った場合の肺癌と喫煙の関係性は、臨床研究により確固たるものになりつつある」
（R. J. レイノルズ　1953年）【※10】

「タバコ産業のこの窮地を脱するために」【※11】、先進的なPR会社であるヒル・アンド・ノールトンは、タバコ産業に二方向からPR活動を行うことを提案しました。そしてタバコ産業は、ヒル・アンド・ノールトンにPR業務を委託することにしたのです。

「私たちがすべきことはただ１つ、ひとびとの"不安をなくす"こ

とです。ここでの最優先課題は、どうやって信頼を獲得していくかです。まずは、何百万人ものアメリカ人の心に根付いている不安と罪悪感を払拭し、タバコに火をつけるたびに感じるバカげた罪の意識からひとびとを解き放ってやることが大切です」

（ヒル・アンド・ノールトン　1953年）【※12】

　かくしてタバコ産業は、喫煙と肺癌の関係を否定し始めます。まずは米国のタバコ産業が、喫煙者を安心させるために「喫煙者に対する公式声明」を発表しました。この声明が、のちの数十年間にわたってタバコに対するイメージを決定することになったのです。専門家による公式声明は主にこんな内容でした。

① 最新の医学研究では、肺癌の原因は無数にあるという結論が出ている。
② 専門家の間でも肺癌の原因に関する意見はさまざまである。
③ タバコが肺癌の原因の1つだという証拠はない。
④ 統計に見られる喫煙と疾患の関係の数値は、さまざまな生活習慣が原因で起こる疾患の数値と同じ程度である。喫煙を疾患の原因だと捉えることには、まだ多くの専門家が疑問を呈している。

（タバコ産業研究協議会　1954年）【※13】

公式声明の草稿には、こんな文章も添えられていました。

「私たちは、人間の病気の原因となるような製品を製造・販売いたしません。もしタバコが健康に影響を与えることが明らかになったら公表します」　　　　（タバコ産業研究協議会　1953年）【※14】

しかし、のちに責任を問われないようにするため、この一文は公表前に削除されました。そして1954年、英国政府はタバコに害があることを認めました。

> 「統計学的な証拠をもとにして、タバコと肺癌には因果関係があるという結論に達しました。しかし、なぜタバコの煙が肺癌の原因になるのか、また、どの程度影響があるかはまだわかっていません」
> 　　　　　　　　　　　　　　　　　　（英国厚生大臣　1954年）【※15】

それでもタバコ産業は否定し続けました。

> 「タバコと肺癌の因果関係をはっきりと示す証拠は、いまだなに一つ出ていない」　　　　　　　　（R. J. レイノルズ　1954年）【※16】

1950年代中期～後期

実は、タバコ産業の科学者はタバコの発癌性を認めていました。そして彼らは、この問題に取り組まなければならない、と考えていたのです。R. J. レイノルズのアラン・ロッジマン研究員はこんな発言をしています。

> 「タバコの煙には、数種類の多環芳香族炭化水素など発癌性物質と発癌性が疑われる物質が含まれていることは明らかだ。これらの物質を不活性化するか除去する必要がある」
> 　　　　　　　　　　（『ダーティ・ビジネス』より　1998年）【※17】

第1章　タバコと健康

　タバコ産業の科学者は「癌」という言葉の代わりにコードネームを使い、喫煙と癌との因果関係について話し合っていました。BATの内部メモによると、サザンプトン研究所では肺癌を意味する言葉として"ZEPHYR"（ゼファー＝そよ風）を使っていたようです。

> 「統計調査の結果、"ゼファー"とタバコには因果関係があると考えられる。『タバコの煙には"ゼファー"の原因となる物質が含まれている』といった説も出ている」　　　　　　　（BAT　1957年）【*18】

　タバコ産業の科学者は、喫煙が肺癌の原因になることを認めていたわけです。BATの研究員は、米国のフィリップモリス、アメリカン・タバコ、リゲットといったタバコ会社の複数の研究機関を視察しました。そして、次のような結論に至ったのです。

> 「私たちが会った研究員は、1人をのぞいて皆、タバコは肺癌の原因であると確信していた。そして、肺癌を引き起こす一連の要因を考えたとき、喫煙をすれば肺癌が発症するのは避けがたいと結論づけた」
> 　　　　　　　　　　　　　　　　　　　　　　　（BAT　1958年）【*19】

　その一方で、タバコの有毒性が立証されたことをビジネスチャンスだと考える人も出てきました。

> 「タバコは肺癌の原因になると立証された。ここで思い切って"タバコは危険だ"という、今までと逆の立場を取る勇気を持とう。安全なタバコを開発・販売できれば、ライバルに打ち勝つことができるはずだ」　　　　　　　　　　　（フィリップモリス　1958年）【*20】

それでもタバコ産業は、タバコの危険性を否定するキャンペーンを続けました。

> 「タバコ産業の調査では、喫煙が肺癌の原因だという証拠はまったく出ていない。喫煙が肺癌の原因になることなどありえないのだ」
> 　　　　　　　　　　　　　　　（インペリアルタバコ　1956年）【※21】

1960年代初期〜中期

タバコ産業のコンサルタントも、喫煙が癌の原因となり、発癌を促進させることを認めていました。米国リゲット社のアーサー・D・リトル博士は、7年間の研究結果を総合的にふまえて次のようにまとめています。

> 「タバコの煙の中には生物学的作用を持つ物質が存在します。これらの物質には次のような作用があります。すなわち、a 発癌　b 癌促進　c 有毒性　d 刺激、快感、芳香です」
> 　　　　　　　　　　　　　　　（アーサー・D・リトル　1961年）【※22】

R.J.レイノルズの研究者であるアラン・ロッジマンは、「タバコ産業は表向きはタバコと癌の因果関係を否定している。しかしその一方で、タバコ産業独自の研究からタバコと癌の因果関係は明らかになっている」と書き残しています。

> 「タバコ産業は現段階の研究報告書をひた隠し、報告書の日付を将来の日付に改竄するよう要求してきている。その理由は、おそらく

第1章 タバコと健康

訴訟への影響を心配してのことだろう。研究者の多くはタバコの発癌性に強い関心を持ち、研究を続けて問題の解決に協力することを望んでいる。タバコ産業の経営陣はその事実を認識すべきだ」
(R.J.レイノルズ　アラン・ロッジマン　1962年)【*23】

イギリスとアメリカではタバコの有害性に関する証拠が蓄積されていきました。英国王立内科専門医会(Royal College of Physicians)は「タバコと健康」という論文を発表しました。そこにはこう書かれています。

「タバコは肺癌と気管支炎の原因になります。タバコは、近年世界的に増加している肺癌による死亡の原因としての可能性が指摘されています」　　　(英国王立内科専門医会——RCP　1962年)【*24】

米国公衆衛生局長官の報告書『喫煙と健康』では、次のように結論づけています。

「タバコと男性の肺癌には因果関係があります。タバコは、他のいかなる要因よりもはるかに大きな影響を健康に与えます」
(米国厚生省　1964年)【*25】

そこで弁護士はタバコ産業に、「責任を回避するためにタバコに警告文をつけるべきだ」と提案しました。

「訴訟を起こされて罪に問われるのはまっぴらだ。だからこそ私は、タバコの箱に『あなたの健康をそこなうおそれがあります。健康のためタバコの吸いすぎに注意しましょう』と、警告文を付けること

をお薦めしたい。反論もあるだろうし、ショッキングな提案かもしれない。しかし、ここに議論の余地はない。タバコ産業の訴訟対策として警告文は必要なのだ」

(ブラウン・アンド・ウィリアムソン　1963年)【※26】

　つまり、弁護士にも責任があったのです。タバコ産業の戦略はより自己防衛的になり、前述したような安全なタバコの開発を中止しました。そして、タバコの有害性を否定し、法律的な措置で対応することにしたのです。

「タバコの有害性に関する問題は弁護士に一任し、タバコ産業は有害性を減少させる対策を講じようとはしなかったのだ」

(P. ロジャース、G. トッド　1964年)【※27】

　タバコ産業はタバコの有害性を否定する活動を続けます。1964年1月に米国公衆衛生局長が報告した『喫煙と健康』の内容を受けて、フィリップモリスの重役は次のように否定しました。

「タバコ産業は、タバコに有害な成分が含まれているという説を認めません」　　　　　　　　　(フィリップモリス　1964年)【※28】

1960年代中期〜後期

　弁護士は、「科学者はタバコではなく病気の研究をするべきだ」と主張しました。タバコ問題を解決するということは、つまりタバコと癌の因果関係を認めることになります。そこで、弁護士はタバコ

と癌の因果関係そのものを否定することにしました。ブラウン・アンド・ウィリアムソンの弁護士ジャネット・ブラウンは、次のように話しています。

> 「長期的な観点から、科学者たちには"肺癌"という病気自体の研究をさせるべきであり、肺癌とタバコの因果関係を研究させるべきではない。そのためにはまず、タバコと癌の因果関係を示す現時点の資料はタバコが癌の要因になっている証拠としては不十分な内容だとする。次に、癌という病気自体の研究が十分進んでからタバコとの関係性にまで研究を進めるほうが科学的に意義がある、という立場をとるのだ。そうすれば、癌の研究が十分に進むまで、タバコと肺癌の関係については論争を引き伸ばせるわけである」
> 　　　　　　　　　　　　　（ブラウン・アンド・ウィリアムソン　1968年）【※29】

かくして、タバコ産業は自社の研究所を縮小することにしました。米国のタバコ産業では、タバコの煙の生物学的影響についての自社研究を縮小するという"紳士協定"を結びました。この紳士協定について、フィリップモリスのヴァイス・プレジデント、ウェイクハムは次のように記しています。

> 「せっかく"紳士協定"を結んだのに、大手タバコ会社のなかには、まだ自社研究所で生物学的なタバコの害の研究に力を入れているところもあるようだ」　　　　　　（フィリップモリス　1965年）【※30】

タバコ産業はタバコの有害性を否認し、論争を延々と引き伸ばす戦略をとるようになります。ヒル・アンド・ノールトンのカール・トンプソンは、格好の宣伝の場としてタバコ業界誌である『タバコ

と健康』にこんな手紙を送りました。

> 「記事の内容として最も重要なのは、タバコと癌の因果関係に疑問を投げかけることです。そして、読者の興味をそそる見出しをつけることも重要になります。大きな文字で、論争！ 否定！ タバコ以外の原因！ 未解明！ と書くべきです」
> （ヒル・アンド・ノールトン　1968年）【*31】

タバコ産業はタバコと癌の因果関係を否定することに全力を注ぎました。フィリップモリスの研究開発所長に就任したヘルムート・ウェイクハムは次のように語っています。

> 「たしかに我々はタバコと癌の因果関係を否定する証拠を探し求めている」
> （フィリップモリス　1970年）【*32】

かくして、タバコの有害性を否定するPR活動が続けられました。

> 「何百万ドルも費やして調査を行ってきましたが、タバコが原因で癌になった者は1人もいません。調査すればするほど、喫煙には害がないことが証明されていきます」
> （フィリップモリス　1968年）【*33】

1970年代初期～中期

ギャレアー社は、「ビーグル犬の実験」によって、「タバコは肺癌の原因になり得る、ということが証明された」と認めました。ギャ

第1章　タバコと健康

　レアー社研究部門のゼネラルマネジャーはマネージング・ディレクターにビーグル犬で実験を続けていることをメモで伝えました。

> 「わが社のアウエルバッハ研究員が、ビーグル犬による動物実験で、すべてのタバコが犬の肺癌の原因になることを証明した。これで、タバコが人間の肺癌の原因となることも疑う余地はなくなった。アウエルバッハ研究員の研究報告は、タバコと肺癌の因果関係についての論争に終止符を打つものになる」
>
> （ギャレアー　1970年）【*34】

　しかし1998年、アウエルバッハ氏の研究報告書が外部にもれ、ギャレアー社はこの報告内容を否定することになります。1998年3月の同社の公式コメントは次のようなものでした。

> 「当社の社内メモが公になり、アウエルバッハ研究員の研究報告を改めて検討しました。あくまでも初期の研究結果であり、これは間違いだったとして、現在はこの結果を受け入れておりません」
>
> （ギャレアー　1998年）【*35】

　ギャレアー社は、アウエルバッハ氏の研究報告を認めない理由や研究者の意見についてはいっさい明らかにしませんでした。そして、インペリアルタバコも共同で誤った情報を流したのです。

> 「いかなる研究報告も、数多くある研究報告との整合性を考えねばなりません。1つの研究報告を評価するためには、すべての研究報告を見直して総合的に考えることが大切です」
>
> （インペリアルタバコ　1998年）【*36】

「タバコの煙はビーグル犬の肺癌の原因になる」というギャレアー社の報告があった2ヵ月後、動物実験所は突然閉鎖されました。R.J.レイノルズで働く科学者は、同実験所閉鎖の撤回を求め、テレビのインタビューで次のように答えています。

> 「我々はタバコと疾患の因果関係について長い間研究を行ってきました。しかし、タバコ産業の弁護士は、この研究が将来的にタバコ産業存続のための障害になると考えているようです。『タバコは病気の原因にはならない』と言い続けることがタバコ産業のポリシーでした。しかしこれは、弁護士が訴訟対策のために掲げる方針にすぎません」
> （英国BBC放送での発言　R.J.レイノルズの科学者　1993年）【*37】

タバコと癌の因果関係を示す証拠は膨大なものになり、タバコ産業はいよいよその方針を変えざるを得なくなっていきます。BATの機密文書には、次のように記されていました。

> 「以前は訴訟対策として、タバコと癌の因果関係に関するあらゆる証拠を否定することが重要だった。もちろん、今でも訴訟による損害を避けることは大切である。しかし、タバコと癌の因果関係をかたくなに否定する我々タバコ産業の態度を嫌う風潮が、今や世界各国に広がっている。しかも、世界中の知識人や良識ある医師は、タバコ産業を軽蔑すらしているのだ。こうした事実をふまえ、タバコと癌の因果関係をかたくなに否定する方針を軌道修正すべきかもしれない」
> （BAT　1970年）【*38】

こうして、タバコ産業が主張してきた「我々は別に医者じゃない

（だから医学的な判断はできない）」という言い訳は、もはや通用しなくなりました。BATのグリーン博士はこんなメモを残しています。

「いつまでも『我々は医者じゃない……』などと言い訳を続けるわけにはいかない。タバコの安全性について、もっと前向きな対策を練るべきである」　　　　　　　　　　　　　　（BAT　1972年）【*39】

それでもタバコ産業は依然、PR活動を続けていきます。米国タバコ協会のフレッド・パンツァーのメモにはこう書かれていました。

「今こそタバコ産業がタバコと癌の因果関係論争の主導権を握るチャンスである。ここで状況を逆転させるのだ。タバコ産業は、訴訟問題、国の政策、世論対策として、20年間一貫した（タバコに害はないという）姿勢を貫き、戦略どおりに行動してきた。その目的は論争に勝つことではく、むしろ論争に決着をつけずできる限り時間稼ぎをすることだった。戦略の具体的な内容は、以下の通りだ。
① タバコと癌の因果関係を否定することなく、その因果関係に疑いを投げかける。
② 実際に手をくだすことなく、ひとびとの「喫煙する権利」を擁護する。
③ タバコの健康障害への疑問を解明する唯一の手段として、「客観的な科学研究を推奨する」
　　　　　　　　　　　　　　　　　　　（タバコ協会　1972年）【*40】

そのうえで、タバコ会社はタバコの有害性を否定し続けました。

「決定的な証拠がないにもかかわらず、『タバコは癌の原因である』

などと繰り返し主張されるのは、世の中のひとびとにとっても非常に迷惑なことだと、我々(タバコ産業)は思っています」
（ブラウン・アンド・ウィリアムソン　1971年）【*41】

1970年代中期〜後期

タバコ産業は、タバコの害を主張するひとびとに対して「ならば、タバコと癌の因果関係を証明してみろ」という不可能にも近い要求を出して論争を巻き起こし、論争そのものにひとびとの目が奪われるようにしました。

「法的にも政治的にも"科学的な根拠"に基づいて対策が講じられたことなど、未だかつてない。それにもかかわらず、タバコ産業は(タバコの害を訴えるひとびとに対して)、タバコと癌の因果関係を証明する『科学的な根拠を出せ』という不可能にも近い要求をしてきた。それによって、(タバコの害についての論争を引き起こし)世の中の目をタバコ産業からそらすことにしたのである。もちろん、タバコを吸う集団はタバコを吸わない集団より、ある病気にかかる率が高いと言うことはできるだろう。しかし科学的証明を要求するのは、対応を遅らせ、規制を講じさせないための常套手段なのである。そしてこれはタバコ産業の最初の罪でもあるのだ」
（BAT　1976年）【*42】

タバコ産業は、「私たちは医者ではない……」と主張して責任を回避する戦略をとりました。インペリアルタバコも以下のような主張を繰り返しています。

「私たちは医者ではないため、医学的な判断はできませんし、その資格もありません。ですから、厚生大臣がタバコの害を指摘したとしても、受け入れることも、否定することもできないのです」
（インペリアルタバコ・イギリス　1975年）【※43】

かくして、タバコ産業はタバコの有害性を否定し続けます。

「タバコの成分を分析しましたが、有害な成分は含まれていませんでした。ただし、吸いすぎれば体に害があるかもしれません。でも、考えてみれば、どんなものだって人体にとって有害になります。たとえば、アップルソースだって、食べすぎれば体によくないわけです」
（フィリップモリス　1976年）【※44】

1980年代

タバコ産業は、世間の信用を獲得するために奔走します。BATの機密文書には、こんなことが書かれていました。

「タバコ産業はタバコと癌の因果関係を否定する立場をとってきたが、科学者や医者の多くがこうしたタバコ産業の主張を信頼していないようだ。それでもタバコ産業そのものの存続のためには、ウソをつきとおすしかなかったのである。タバコ産業はタバコと癌の因果関係を20年にわたって否定してきたが、今となってはこの戦略を見直すべきかもしれない。『ごく少数のヘビースモーカーには害があるかもしれない』と認めるだけでいい。多少の痛みを被るだけで、我々は大きな利益を得られるわけだ。そして我々はすべてを失うこ

とを避けられるのである」　　　　　　　　（BAT　1980年）【*45】

　一方でタバコが有害であるという証拠がどんどん揃っていきます。そこに米国公衆衛生局長官の報告書が公表されました。

「喫煙は現代社会において最も強大な、そしてそれだけで十分に死因となりうる行為です。いまやタバコは国民の健康を脅かす最大の脅威です」　　　　　　（米国公衆衛生局長官の報告　1982年）【*46】

それでもなおタバコ産業は、タバコの有害性を否定し続けます。

「タバコは特定の病気の原因になるという意見もあるようですが、科学的に証明されたわけではありません」
　　　　　　　　　　　　　　　　（香港タバコ協会　1989年）【*47】

1990年代

　米国のサロキン判事は、ヘインズ氏がリゲット社を訴えたタバコ訴訟で、リゲット社に次のような判決を言い渡し、タバコ産業に決定的な一撃を与える判決を下しました。

「タバコ産業は消費者の健康よりも利益を最優先に考えている。タバコ産業は収益をあげるためにタバコの危険性を隠し、製品の安全性よりも販売の促進を優先してきたものと思われる。タバコ産業にとっては、企業倫理よりも金儲けのほうが大切であり、タバコの危険性を承知のうえで、自分たちの利益のためにタバコを販売してき

た。喫煙者が病気になったり死亡したとしても、収益のために必要な犠牲としか捉えていないとみられる。ほかにも数多くの偽善者ぶった産業があるが、その中でもタバコ産業は特に目立った存在である。本件の裁判における証拠に鑑みて、タバコ産業がタバコの危険性を隠し、『タバコは安全である』という誤った情報を流していることは、明らかな事実だと認められる」　　　　　　　　（1992年）【*48】

　R. J. レイノルズの宣伝に出演していた俳優が、R. J. レイノルズの役員に「なぜあなたはタバコを吸わないのですか？」と聞きました。するとその役員は、こんなふうに答えたというのです。

「もちろん"そんなもの"（訳注：原文では伏せ字。おそらくshitと発言した）吸わないさ。俺たちはただ売るだけ。タバコを吸う権利なんざ、ガキや貧乏人、黒人、それからその他のおバカな方々に謹んでさしあげますよ」
（イギリスITV放送「ファースト・チューズデー」より　1992年）【*49】

　タバコ産業で働いていた科学者は「今こそ本当のことを言うべきだ」と声高に訴えます。R. J. レイノルズに以前勤めていた科学者のアンソニー・コルッチは次のように語りました。

「私は、科学者としてタバコ産業にこう提案しました。『今となっては、もうみえすいたウソなどやめるべきです。科学的に証明された事実を無視し続けるのはうんざりです』とね。タバコ産業は、自社の科学者がつきとめた真実を公にする責任があります。いままで社内に積み重ねてきた研究報告を無視して、科学者たちの努力を無駄にするべきではありません。いまこそ思い切って、『タバコは人を

殺す』と公表すべきなのです。タバコ産業はその事実を知っているのですから。そのうえで、消費者が自分で吸うか吸わないかを選択すればいいのです」　　　　　　　　　　　　　　（1992年）【*50】

　しかし、タバコ産業は1998年になっても「タバコは無害です」と断固として主張を続けます。タバコ協会のヴァイス・プレジデントでチーフ・スポークスマンでもあるマレー・ウォーカーは、ミネソタの裁判の中で次のような証言をしました。

　　「タバコが病気の原因になりうるということは、まだ証明されていません」　　　　　　　　　（M・ウォーカー　1998年）【*51】

　フィリップモリスの会長兼CEOのジェフリー・バイブルはミネソタの公判で次のように証言しました。

　　「タバコ関連疾患で亡くなった人がいるかどうか、私にはよくわかりません」　　　　　（「パイオニア・プレス」より　1998年）【*52】

　そして、マスコミを通してタバコ産業は世の中に誤った情報を流し続けました。タバコ販売協会のジョン・カーライルは、雑誌のインタビューに次のように答えています。

　　記者　「タバコは肺癌の原因なのでしょうか？」
　　ジョン「統計調査も充分に行い、タバコという製品自体もあらゆる
　　　　　面から研究をしてきました。しかし研究結果については、
　　　　　いまだにさまざまな見方があります」
　　　　　　　　　　　　　　　　　（イギリスTMA　1998年）【*53】

タバコ会社はイギリスBBC放送のインタビューでも曖昧な回答をしています。ギャレアー社が実はタバコは肺癌の原因になると知っていた事実を裏づける1970年の内部文書が表ざたになったとき、BBC放送の人気ラジオ番組「トゥデイ」は、この件についてTMAのジョン・カーライルにインタビューを行いました。

インタビュアー 「今回の内部文書が公になったことで、あなたもタバコの害を確信したのではないですか、ミスター・カーライル？」
ジョン・カーライル 「国内の新聞が特ダネ扱いしたたった1つの文書を見ただけで、『これこそが探し求めていた証拠だ』なんて言えません」

ジョン・カーライルは、英国王立内科専門医会や米国公衆衛生局長官らの手による数多くのタバコの有害性を証明する研究報告の存在を知りませんでした。彼は「タバコが有害である」とする証拠を探し続けていたのに、です。

インタビュアー 「ミスター・カーライル、これは決定的な証拠です。研究内容はともかく、ギャレアー社は明らかにタバコの危険性を承知のうえで30年間もその事実を隠してきたのだと思いますが」
ジョン・カーライル 「話が漠然としています。はっきりとした根拠もないのに、『これが決定的な証拠だ』なんて言えるわけがない」

（BBCラジオ放送 1998年）【※54】

第1章　タバコと健康　　＜解説＞

津田　敏秀（以下、解説は津田が担当）

　ここでは、喫煙と肺癌の因果関係を巡る20世紀半ば以降の動きを、説明しましょう。タバコによる人体への健康影響に関する研究の歴史の話です。

　タバコによる健康影響に関しては、日本でも海外でも古くから論じられてきました。しかしその研究の具体的な内容については、日本ではあまり知られていません。研究が本格的に始まったのは、第二次世界大戦以降でした。

　後に米国でのタバコと肺癌に関する研究のリーダーとなるアーネスト・ワインダー博士は、1948年の夏の間、ミズーリ州のセントルイスにあるワシントン大学からニューヨーク大学の研究室に移動します。そして、ニューヨーク市のヴェレビュー病院で、肺癌研究を始めるきっかけとなった患者と出会いました。

　当時、ワインダー博士は、疫学という科学を知りませんでした。余談ですが、タバコと疾患の因果関係を考えるうえできわめて重要なのが、疫学的方法論です。疫学の定義はなかなか難しいのですが、癌という病気に即して私見を述べると、ひとにおける発癌物質を決める際に直接的かつ決定的証拠を提示する方法論、それが疫学的方法論です。この病院でワインダー博士は、死亡前に病名が判明しなかった42歳のある男性患者の死後解剖に参加しました。死後診断は肺癌でした。カルテの記載には何の病歴も記されていませんでしたが、患者の未亡人の話から、死亡した男性患者が1日2箱のタバコを吸っていたことがわかりました。実はこのときワインダー博士は疫学研究者としての第一歩を歩み始めていたのです。

ワインダー博士は、質問票を用意しました。そして病理的診断が確認された肺癌の患者を症例とし、喫煙と関係がないと考えられる病気の患者を比較の対照として、症例群と対照群の喫煙歴を比較するという症例対照研究の手法を用い、ヴェレビュー病院での研究を開始しました。最初の20例を調査した時点でも、喫煙と肺癌の関連が強いことがはっきりとしました。

　その後、ワインダー博士は全米各地の病院を精力的に回り、大研究に仕上げます。しかし、ワインダー博士の研究成果を学会で発表した時の反響は、今ひとつだったそうです。ところが、1950年、その論文が米国医師会雑誌『JAMA』に発表されるやいなや、大きな注目を集めることになります。ほとんど同じ時期に、英国・ドイツからも同様の結果を示す喫煙と肺癌に関する研究が発表されたからでした。とりわけ英国から研究を発表したリチャード・ドール博士とブラッドフォード・ヒル博士は、当時からすでに有名な疫学者としてよく知られていました。

　この時から若きワインダー博士が大活躍する10年間が始まりました。ワインダー博士はさまざまな研究者と共同して、喫煙と肺癌に関する研究データを疫学やそれ以外の研究方法によって得られたものも含めて発表していきます。ワインダー博士以外の研究者たちも、先を争うように研究結果を発表し始めました。

　一方、喫煙と肺癌の因果関係に関して疑問を呈する学者も出てきました。有名な統計学者フィッシャーとバークソンです。しかし、コーンフィールドとヘンツェルというこれまた有名な統計学者たちは、喫煙と肺癌に関する研究結果から、その因果関係を支持する意見を主張しました。

　そして、1960年、ローマオリンピックの年にとある討論会が開かれました。ワインダー博士が駆け抜けた1950年代のまさに総決算、

クライマックスというべき出来事でした。この時すでに多くの科学者は喫煙と肺癌の因果関係を認めるようになっていました。

ボストンにあるタバコ産業研究評議会の科学長であるクラレンス・C・リトル博士（タバコ産業研究委員会科学ディレクター、ジャクソン記念研究所名誉所長、癌学会の前身である癌管理予防学会の元会長）と、ワインダー博士（コーネル大学医学部、スローンケタリング研究所の予防医学の助教授）の公開討論が、1961年6月15日号のニューイングランド医学雑誌上に掲載されました。

同誌の論説では、この討論を「ザ・グレート・ディベート（偉大なる討論）」と称しました。そして医学雑誌の編集者はこの討論内容について、次のように記しました。

「ワインダーは、統計学を偏った見方で姑息に展開するのではなく、正々堂々と、まるで重量砲戦を繰り広げるかのように学問を正面から論じている。これによって、喫煙と気管支炎、肺癌には確かな因果関係が存在することを示そうとしたのだ。一方でリトルの戦略は、どう見ても偏っており、ワインダーの統計がまだ結論に達していないことを示すにとどまった」（注：タバコ産業お得意の先延ばし戦術です）

この討論と論説が掲載された年には、8月に東西冷戦の象徴であるベルリンの壁が築かれていました（論説によると、実際の討論は、その前年の11月に行われたようです）。東西冷戦がますます激しくなっていっていた時代でした。

この討論の流れに関して、当の医学雑誌の編集者は、こう述べています。「ここから確かな事実が浮き彫りになる。―― 喫煙から生じる利害関係は生命をも脅かすのだ。喫煙はときに人を死に至らしめるものとして告発されてきた。事実、喫煙をしなければタバコによる害を被ることなどほとんどないのである。研究によってタバコ

第1章　タバコと健康

に関する真実が明らかになるまでは、ニコチンの意のままに操られるのか、あるいは汚れたタバコを捨て去るのかは、各個人の選択するところとなる」

　後に明らかにされることとなる「ニコチン依存性（ニコチン中毒）」がもしなければ、つまり、この両者の言い分のどちらを取るかに関して喫煙者に選択の自由がもしあるのならば、事態はもっと簡単であったことでしょう。みんな簡単にタバコをやめることができたはずなのです。しかし、実際にはそううまくことが運ばなかったことは皆さんご存じの通りです。

　翌1962年、英国王立内科専門医会のレポート「タバコと健康」が発表されました。英国では、1957年に医学研究評議会が「喫煙は肺癌死亡率の増加の原因である」と強調した声明を発表し、喫煙と健康の問題を極めて重要視しました。この報告書は、先に紹介したドール博士とヒル博士による疫学研究第三弾の前向きなコホート研究デザインの論文が発表された時、英国の大多数の医師が医学研究評議会の意見を確実に受け入れたと記しています。1962年の王立内科専門医会のレポートまでさらに5年かかったのは、英国のメディアと行政がまだ衝撃を受けていなかったからだそうです。

　この1962年のレポートには興味深いグラフが掲載されています。1951年から1961年までの間に、英国の医師の間での紙巻タバコ（シガレット）の喫煙割合が激減していることを示しているのです（次ページ参照）。喫煙と肺癌に関するデータに基づいた討論を間近に見聞きすることができた英国の医師たちは、動物実験や疫学研究から得られた結果を目の当たりにして、自ら紙巻タバコの喫煙をやめていったのです。彼らが受けた衝撃がこの図となって現れていると考えられます。おかげで英国では、その後医師以外のひとびとも喫煙をやめ始め、1970年代には英国全体における肺癌死亡率が減少に転

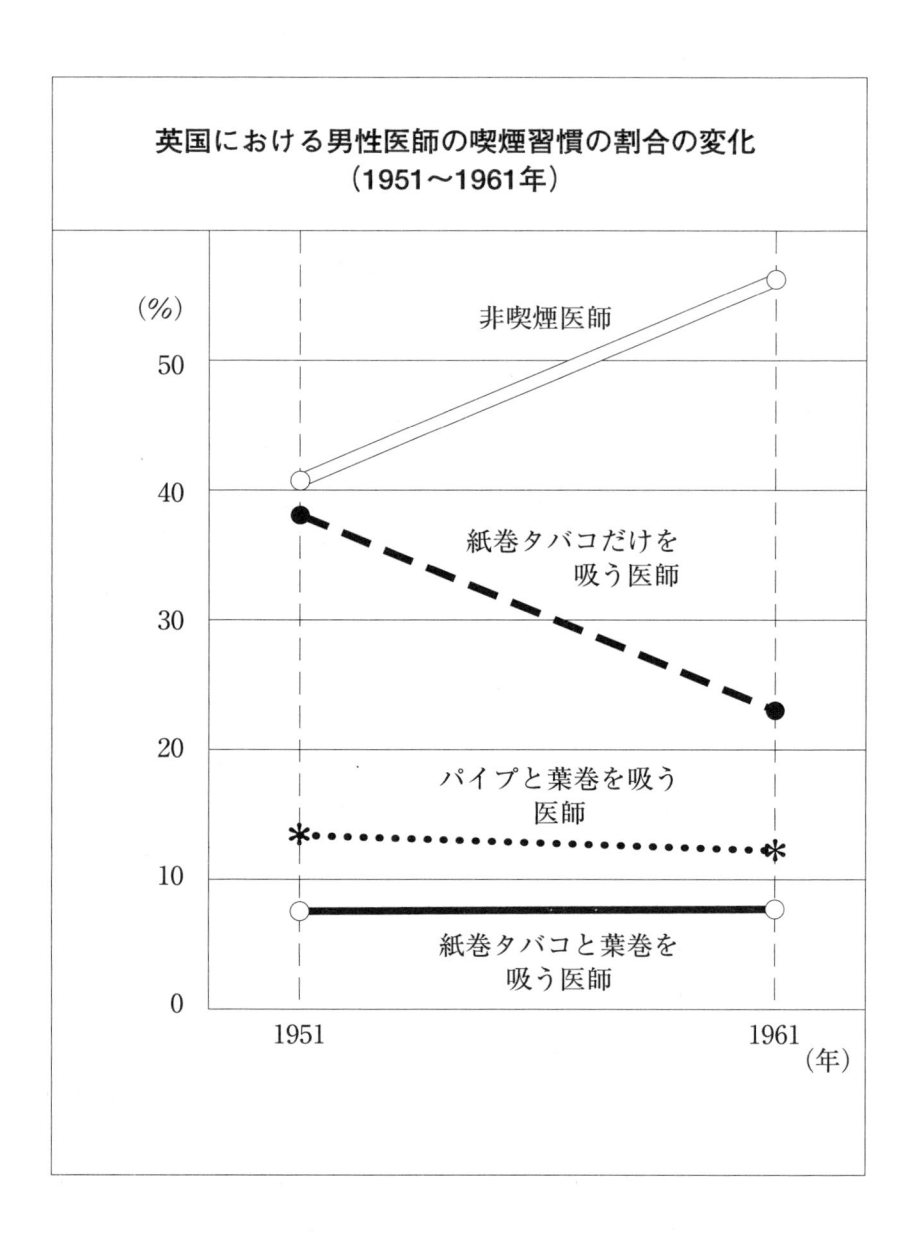

**英国における男性医師の喫煙習慣の割合の変化
（1951～1961年）**

- 非喫煙医師: 1951年 約41% → 1961年 約54%
- 紙巻タバコだけを吸う医師: 1951年 約38% → 1961年 約23%
- パイプと葉巻を吸う医師: 1951年 約13% → 1961年 約12%
- 紙巻タバコと葉巻を吸う医師: 1951年 約7% → 1961年 約7%

じます。そして現在の英国では肺癌による死亡率は、ピーク時の半分まで減少しています。現在の英国は世界で最も喫煙対策が進んだ国の1つです。

1964年、米国において公衆衛生局長官による『喫煙と健康』という報告書が発表されるに至って、この喫煙と肺癌の因果関係に関する論争は、米国や英国では医学的にも行政的にも完全に終結します。このあと米国でも、英国ほどではありませんが、喫煙率は確実に減少し始めます。日本で逆に増えているのとは大きな違いです。喫煙と健康の因果関係が社会に受け入れられたからです。

現在までに発表された喫煙による健康影響に関する論文は、8万件にものぼると言われ、ますます広汎にそして強固に証拠が固められてきています。今日ひとに対して発癌性のある物質がしばしば話題になりますが、タバコの発癌性は最初に判明したものです。そして私たちの日常生活において曝露する機会が最も多いのもタバコなのです。

ところでもっとマクロの視点で眺めて、日本においてタバコによって増加した死亡者数は、他の予防可能な主な死因と比較するとどの程度の数なのでしょうか？

1995年の厚生省の文書によりますと、日本のタバコ起因による年間死亡者数は、約9万5000人と推計されています。毎年日本で亡くなる人々の総数は当時およそ92万人でしたから、うち1割以上の方々の死亡がタバコを吸わなければ避けることができた、ということになります。

これは、他の予防可能な死因を合計した数を大きく上回ります。あの薬害エイズ事件の場合、3〜4年の判断の遅れにより事件全体で約1500人の方々が感染し、約500人もの方々が亡くなりました。同様に考えると、タバコの場合、30〜40年の判断の遅れにより毎年10万

人近くが亡くなっている事態が続いているのです。タバコ関連疾患とは、肺気腫、慢性気管支炎、肺癌等のさまざまな呼吸器疾患や癌、心筋梗塞等の血管疾患などタバコ喫煙によって発生率が増加する疾患のことです。喫煙者において増加している人数分を足し合わせると約10万人に達するわけです。

　他の予防可能な死亡の例をいくつかあげてみましょう。

　近年、年間自殺者数が3万人を超えたことで話題になったのはご存じの通りです。1995年当時は約2万1000人でした。いわゆる交通事故死は、昔は年間1万人を超えていましたが、警察や自動車メーカー等さまざまな方面の努力の結果、現在9000人に近づきつつあることはよく知られています。ちなみに1995年当時は自動車・自転車・歩行者・鉄道・飛行機・船舶など交通関係の事故死者数の総数は約1万5000人でした。毎年の労働災害や業務上疾病で死亡する方々は次第に減少しており、ここのところ2000人未満になっています。他殺はわが国では少なく1000人未満です。

　このように、代表的な予防可能な死因による死亡者を合計してもタバコ関連死亡者数にははるかに及ばないのです。しかも、これらの予防可能な死因による死亡のうち、「正しく、通常通りに使用した」結果、死亡を引き起こすのは、タバコだけです。ちなみに、アルコールは、通常の（適度の）"使い方"をしている人の方が、全く飲まない人よりも死亡率が低くなるというデータもあります。

　以上のような事実は、しかし日本国内においてはほとんどの喫煙者に対して知らされていません。他の先進諸国では、タバコのパッケージやテレビ等の広告媒体で国民に定常的に知らされているにもかかわらず、です。

　米国では、公衆衛生局長官をはじめ日本の旧・厚生省に相当する機関がタバコの害とその対策を執拗に主張し続けてきました。米国

の政府機関は、タバコ産業筋の票を気にする大統領から公然といやみを言われながらもタバコの害を訴え続けてきたのです。

1970年代後半、カーター政権下で、全米で毎年34万6000人がタバコにより死亡し、戦争・交通事故・自殺による死亡を合わせてもその数には及ばないと公表したJ・カリファノ保健教育厚生局長官は、その後1年も経たずに更迭されました。

カーター大統領の後にはロナルド・レーガンが大統領選において、タバコ関連議員の資金調達団体から450万ドルの支援を受けています。ところがレーガン政権下の公衆衛生局長官もひるむことなく同様に喫煙による致命的な害を報告し続けました。

そして米国でも、90年代ついに国をあげての対策に関する合意を得ます。クリントン政権の公衆衛生局長官はこう発言しました。

「用途通りに使うことが死をもたらす、唯一合法的な製品がタバコです」

米国では1964年にいち早く喫煙と肺癌の因果関係に関する報告書を発表し、1988年には「ニコチンは他の常習性を持つ麻薬に匹敵する生理学的、心理的特性を持っている」と指摘しました。それにもかかわらず、1990年代には公衆衛生学者たちがタバコ政策に関しては「失敗してきた」、すなわち対策を講じるのが遅れてしまったと反省しています。

第2章
ニコチンと依存性

「タバコと肺癌の因果関係を争う訴訟において『ニコチンに依存性がある』という事実は、タバコ産業の有罪を主張する弁護士にとって最大の武器である。なぜなら、喫煙者がニコチン依存症に陥っていれば、『喫煙は自由意志によるものである』という、タバコ産業を擁護する主張が通らなくなるからだ」　　（タバコ産業の内部メモ　1980年）【*1】

　1980年代、タバコ産業は、ニコチンに依存性があるという事実を、一貫して否定し続けました。ニコチンに依存性があることを認めれば、『喫煙は自由意志によるもの』という主張が通らなくなります。そうなると訴訟にも負け、今まで続いてきたタバコ論争に終止符が打たれてしまうことになるからでした。

概　要

　1960年代初頭のタバコ産業の文書には、ニコチンの依存性についての議論がまとめられていました。これを読めば、ひとびとがタバコを吸う一番の理由は"ニコチンの依存性"にある、とタバコ産業自身が考えていたことがうかがえます。つまりタバコ産業は、「ニコチンは麻薬である」と認めていたわけです。1963年にタバコ産業の弁護士は、「我々のビジネスは、依存性のある麻薬、すなわちニコチンを売ることです」という文書を残しています。タバコ産業の膨大な内部資料から、ニコチンには薬理学的・精神薬理学的な効果があり、脳もしくは中枢神経系に作用することも明らかになりました。

　タバコ産業は、表向きは「ニコチンには依存性がない」と主張を続けていきます。1994年アメリカン・タバコの役員が召集された議会の質疑でも、7人全員が「ニコチンには依存性がない」と主張しました。それを受けてタバコ産業もいままでどおり、「ニコチンは味と香りの成分であり、依存性はない」と公言し続けたのです。

　1970年代初め、タバコ産業の弁護士には悩みの種がありました。「ニコチンに依存性がある」という事実を認めてしまうと、これまでタバコ産業が自己防衛手段として用いてきた「喫煙は自由意志によるもの」という弁明が通らなくなる恐れがあるのです。しかもこの問題は、タバコ産業に対する訴訟にも大きな影響を及ぼす可能性がありました。

　1970年代から80年代にかけて、タバコ産業の研究者は、サルやネズミ等を用いてニコチンの依存性について研究しました。その結果、動物もニコチン依存症になることが明らかになったのです。しかし

第2章　ニコチンと依存性

　米国のタバコ産業の弁護士は、ニコチン抜きではタバコは商品になりえないことを知っていたにもかかわらず、いままでどおりその結果を隠し続けました。つまり、米国食品医薬品局（Food and Drug Administration＝FDA）がニコチンを麻薬とみなし、ニコチンの含有量やタバコそのものを規制することを恐れたわけです。

　1980年代初め、BATはタバコのほかにもニコチン含有の製品を開発して市場に参入しようと考えていました。しかし、新たなニコチン入り製品を市場に送りだすことで、FDAがニコチンの規制を始めることを恐れ、開発を中止しました。

　1990年代終わり、「タバコには依存性がある」という事実は、世の中にすっかり浸透していました。それはタバコ産業の数多くの内部資料からも明らかです。そこでタバコ産業は"ニコチン依存症"という言葉の意味を曖昧にすべく、"ニコチン"以外の事象と組み合わせることで、"依存症"という言葉のイメージそのものを変えてしまおうとしました。かくしてタバコ産業は、「買い物」や「インターネット」に"依存症"という言葉をあてはめて、ひとびとの関心をそらそうとしたのです。

　1997年、リゲット社は、「タバコには依存性がある」と認めた最初のタバコ会社となりました。しかし、いまなお多くのタバコ会社は、ニコチンの依存性を公然と否定しています。

重要な事実

1998年3月、英国政府の科学委員会は次のようにコメントしました。

「10年以上におよぶ研究から、喫煙習慣および喫煙による行動変容は、麻薬であるニコチンへの依存症が原因であると認められるようになりました。ニコチンは脳のドーパミン系に作用して、ヘロインやコカインといった麻薬に似た働きをすることが解明されたのです」
(SCOTH 1998年)【※2】

「喫煙を続ければ、たとえ10代前半でもニコチン依存症になります。そして、大人の喫煙者の多くは体内のニコチンレベルを維持するために喫煙を続けている、という注目すべき結果も出ています」
(SCOTH 1998年)

喫煙者はタバコを吸えない状況下に置かれると、怒りっぽくなる、集中力がなくなる、不安を感じる、落ち着きがなくなる、空腹感が増す、鬱状態になる——といった症状が出てきます。そして、タバコを吸わずにはいられなくなります。この禁断症状の出現は体内のニコチンが切れたことによるもので、タバコを吸う行為自体が絶たれたからではありません。なぜなら、この禁断症状は、ニコチンパッチやニコチンガムなどのニコチン製剤で緩和できますが、プラシーボ(偽薬：ここではニコチンの入っていないパッチやガムのこと)では緩和できないからです。【※3】

喫煙者の70%以上は禁煙を望んでいますが、禁煙に成功した人はごく少数です。ある2つの研究結果によれば、6ヵ月間の禁煙を試み

て成功した人の割合は全体の5％足らずでした。たった2日間の禁煙ですら、禁煙を試みた人の3分の1しか成功しなかったのです。しかしニコチン置換療法を受けた喫煙者は、なにも使わずに禁煙を試みたひとに比べて、およそ2倍の人が禁煙に成功しています。【※4】

　依存症という言葉には、まだ世界的に統一された定義もなく、その解釈もさまざまです。そこで1969年、WHOが妥当な定義づけをしました。

> 「依存症とは薬物と生体の相互作用により発生する、心理的あるいは肉体的な状態である。その特徴は、薬の使用による精神的な効果を求めたり、禁断症状を抑えるために、継続的あるいは周期的に強い衝動にかられて薬物を摂取する状態になることである。また、薬物耐性が出現することもある」【※5】

　喫煙者はニコチンに依存するようになり、ニコチンが切れると喫煙せずにはいられなくなります。しかも、タバコに火をつけて燃やすことによって、タールやガスなどに含まれる4000種類以上の化学物質が生じ、人体への害はさらに深刻なものになります。つまり、ニコチンによる害ばかりでなく、こうした化学物質が人体にもたらす総合的な作用によって、タバコが生み出す害は致命的なものになるわけです。

タバコ産業が語った真実

1960年代初期

BATの主任科学者チャールズ・エリスはこう話しています。

「喫煙は依存性がもたらす習慣であり、ニコチンは明らかに麻薬である」　　　　　　　　　　　　　　　　　（BAT　1962年）【*6】

1963年7月17日、ブラウン・アンド・ウィリアムソンの弁護士アディソン・イェーマンはこんなコメントを残しています。

「ニコチンには依存性がある。タバコ産業のビジネスとは、依存性のある麻薬、すなわちニコチンを売ることである」
　　　　　　　　　　（ブラウン・アンド・ウィリアムソン　1963年）【*7】

そして、タバコ産業の科学者はこう言っています。

「タバコを吸い始めるきっかけは、心理的・社会的な動機づけによるものだ。ところが、ひとたびタバコを吸い始めると、ニコチンが中枢神経系におよぼす薬理学的作用によって喫煙せずにはいられなくなるのである」　　　　　　　（BATの科学者　1963年）【*8】

第2章 ニコチンと依存性

1960年代中期〜後期

BATの科学者は、次のようなコメントをしています。

「タバコ産業の主なビジネスは、ニコチンを販売することだと考えていいでしょう」　　　　　　　　　　　　　　　（BAT　1967年）【*9】

「喫煙習慣はニコチンの依存性によって起こる行動です。そして、ニコチンの"形態"は、喫煙者のニコチン吸収率に影響します」
（訳注：ここで言う「ニコチンの"形態"」とは、どのような手段でニコチンを摂取するか、ということ。タバコで吸引する、ガムで摂取するなどの"形態"がある）　　　　　　　　　　　　　（BAT　1967年）【*10】

フィリップモリスのR. D. カーペンターは、R. J. レイノルズの生物学研究施設について次のように報告しました。

「R. J. レイノルズ社ではラットに喫煙させる装置を開発した。この装置でラットをタバコの煙にさらすと、ラットはやがて喫煙する癖を身につけるようになったのである」
　　　　　　　　　　　　　　　　　（フィリップモリス　1969年）【*11】

フィリップモリスのR＆D（研究開発）部門のヴァイス・プレジデントは「人間がタバコを吸う理由」について、こう話しています。

「人がタバコを吸う目的は、ニコチンによる薬理学的作用を得るためである。以前、R＆Dの担当者が説明したとおり、われわれの仕事はタバコを売ることではなく、タバコの煙を売ることなのだ。タバ

コは煙を発生し、その煙はニコチンを人体に供給する道具となる。そしてニコチンが人間に快感をもたらしてくれるのだ」

(フィリップモリス　1969年)【*12】

1970年代初期〜中期

タバコ産業の社内会議では、科学者がこんな言葉を残しています。

「BATのチャールズ・エリス氏は会議の冒頭で、『我々はタバコ産業ではなく、ニコチン産業なのです』というタバコ産業のコンセプトについて語りました」　　　　　(BAT　1971年)【*13】

フィリップモリスのウィリアム・ダン・ジュニアのコメントです。

「タバコとは、タバコの葉を包んだ製品ではなく、ニコチンを人体に補給するためのニコチン容器だと考えてほしい。つまりタバコはニコチンをまとめて保存しておく貯蔵庫のようなものなのだ。タバコをひとふかしすれば、煙がニコチンをのせて人体に運んでくれるわけである。タバコの煙はニコチンを人体に供給する格好の輸送手段であり、タバコは最も効率よく煙を発生させる装置だと考えられるのである」　　　　(フィリップモリス　1971年)【*14】

ニコチンなくしてタバコ産業は存在しえないことを、科学者は認めました。

「ニコチンはタバコに不可欠な成分である。しかし、タバコ産業に

対する批判の声をおとなしく受け入れて、ニコチンを減量もしくは除去すれば、われわれのビジネスは終わったも同然だ。タバコ産業がこのビジネスを続けるということは、ニコチンを供給するための道具であるタバコを製造し、販売し続けるということだ。タバコの販売を続けるためには、（タバコの害を訴えるひとびとに対して）抵抗を続けるしかない」　　　　（R.J.レイノルズ　日付不明）【※15】

　弁護士たちは、「喫煙は自由意志によるものだ」という主張はいずれ通らなくなるだろう、とタバコ産業に忠告してきました。ブラウン・アンド・ウィリアムソンの顧問弁護士、アーネスト・ペプルズは次のような発言をしています。

「我々は"依存性"という言葉を"習慣"という言葉に置き換えて、喫煙という行為に社会的な立場を与えてきた。しかし、『喫煙は自由意志によるものだ』という主張は、『タバコに依存性がある』という事実によって覆されることになるだろう。タバコの依存性についての論争は、今後ますます増えていくと考えられる。つまりこの状態は、タバコが厳しい規制を受け、訴訟が増える可能性も同時にはらんでいるというわけだ」
　　　　　　　　　　（ブラウン・アンド・ウィリアムソン　1973年）【※16】

　タバコ産業に勤める科学者はさらに証拠を見つけます。

「アヘン、覚せい剤、コカイン、カフェインなどの依存性がある薬物実験と同様、サルに自分でニコチンの注射を打てるよう訓練することは可能だ。ニコチンが肺から速やかに吸収される様子は、まるで麻薬中毒患者に麻薬を打ったときのような速さである」

　　　　　　　　（ブラウン・アンド・ウィリアムソン　1973年）【※17】

ネズミの実験では、次のようなことがわかりました。

「ニコチン依存症は、ストレスと関係があると考えられる」
　　　　　　　　（ブラウン・アンド・ウィリアムソン　1974年）【※18】

1970年代中期〜後期

　1977年8月、ブラウン・アンド・ウィリアムソンの販売会議が開かれました。その議題は「**依存性がある製品を倫理的な作法に基づいて販売する方法について**」でした。　　　　　　（1977年）【※19】

　タバコ産業は、タバコに代わって社会的にその存在を受けて入れてもらえ、しかもタバコのように依存性のある製品の開発を考えるようになります。1979年のBATの社内文書には、タバコという商品にとって依存性がなによりも**重要**であることを認識したうえで、タバコの代替品として新たに依存性のある製品を開発することが必要だと記してあります。

　「社会的にもその存在を認めてもらえ、しかもタバコのように依存性のある製品を探している。製品に必要な性質は、
　　・製品をくり返し購入したくなる。
　　・製品をくり返し使用したくなる。
　　・主成分はニコチン類似またはニコチンの代用となる（依存性のある）成分を含んでいる。

・製品は不燃性で燃焼による副産物の吸入や受動喫煙のおそれがない」 （BAT　1979年）【*20】

消費者が製品に依存するようになれば、大きな利益が望めます。

「『消費者が製品に依存すること』が、そのまま我々タバコ産業の利益につながっていく。つまり、依存性と我々の利益には相関関係があると考えられるのである」
「別の見方をしてみよう。もし、将来的にタバコの代替品となる"商品X"を販売するとしても、Xにタバコのような依存性がなければ、我々はタバコ以上の利益を上げることはできないのだ」

依存性には倫理的問題があることもタバコ産業は知っていました。

「ここで倫理的に問題となるのは、新しい依存習慣を生み出すことが、社会的医学的に容認されるかということだ」
（BAT　1979年）

1980年代初期～中期

次に、科学者の発言を紹介していきます。BATのグリーン博士はこんなコメントを残しています。

「タバコは『最も強力な依存性がある麻薬』だという証拠があります。ひとたび喫煙を始めれば、禁煙は困難になるため、喫煙者のほとんどはタバコを吸い続けるでしょう。つまり、タバコは『大人が

自分の意志で選択する嗜好品ではない』ということです」
（BAT　1980年）【※21】

BATの科学者は次のようなメモも残しています。

「BATは、自分たちをタバコ産業ではなく、麻薬産業だと考えるべきです」
（BAT　1980年）【※22】

　タバコ産業の科学者は、さらにニコチンの実験を続けていきます。フィリップモリスのヴィクター・デノーブル博士は、ネズミの血管に直接ニコチンを注入する実験に着手しました。まず、実験のためにネズミにニコチンの注入装置を取りつけました。これで、ネズミがレバーを押すとニコチンがネズミの体内に注入されることになります。実験の結果、ネズミはさらにニコチンを体に取り入れようとして、そのレバーを押し続けました。

「ニコチンには依存性がある麻薬と似通った特徴があります。麻薬と同様に薬物依存症を引き起こすのです。ニコチンに麻薬の特徴があるため、『ニコチンはタバコの味を引き立てるための成分です』というタバコ産業の主張には矛盾が生じることになります。ネズミの実験では、ネズミはニコチンを得るためにレバーを押し続けますが、これはニコチンが脳に作用するからです。コカイン、モルヒネ、アルコールを用いた実験でも、ネズミはレバーを押し続けます。その様子はニコチンによる実験とまったく同じでした」
（フィリップモリス　チャンネル4『ディスパッチーズ』より
1996年）【※23】

1980年代中期〜後期

タバコをやめると不快感に襲われるため、禁煙は非常に困難です。

「なぜ、ひとびとはタバコを吸うのか？ リラックスしたいのか、タバコの味を楽しみたいのか。あるいは暇つぶしや手持ちぶさたを解消するためか……喫煙者がタバコをやめられない何よりも大きな理由は、タバコをやめると不快感に襲われるからである」
（フィリップモリス 1984年）【*24】

米国公衆衛生局長官は公式に次のような発言をしました。

「紙巻タバコをはじめ、（葉巻などの）あらゆる種類のタバコには依存性があります。その作用は薬理学的にも行動学的にもヘロインやコカインなどの麻薬の依存性と同じです」　　（1988年）【*25】

しかし、タバコ産業はその発言に反発し、タバコの依存性を否定します。そこでタバコ協会は次のように反論しました。

「医学的かつ科学的な証拠もないままにタバコに依存性があると主張するのは、常軌を逸しています。ただ喫煙反対を誇張しているにすぎません」　　　　　　　　　　（タバコ協会 1988年）【*26】

1990年代

ニコチンに関するタバコ産業内部のコメントを紹介します。

「タバコを吸う理由は人によってさまざまですが、喫煙する最大の理由はニコチンを体内に摂取するためです。ニコチンはタバコという植物に含まれるアルカロイドです。アルカロイドとは生理学的活性がある窒素化合物であり、ニコチンに類似した有機物として、キニン、コカイン、アトロピン、モルヒネが挙げられます」

(フィリップモリス 1993年頃)【※27】

タバコ協会の副所長ブレネン・ドーソンは、「ニコチンは味覚の成分だ」などと話しています。

「ニコチンは（タバコに）不可欠な成分です。ニコチンには味があり、いわゆる"舌ざわり"が感じられるのです」

(1994年)【※28】

米国タバコ産業のCEO（最高経営責任者）は、健康と環境会議小委員会で宣誓のもとに、「ニコチンに依存性はない」と証言しました。ブラウン・アンド・ウィリアムソンのトーマス・サンダファーは、次のような証言をしています。
「ニコチンに依存性はありません」
フィリップモリスのウィリアム・キャンベルも同様、
「ニコチンには依存性がないと信じます」
R. J. レイノルズのジェームズ・ジョンストンも……
「私もニコチンには依存性がないと考えます」

(『ザ・シガレット・ペーパーズ』 1994年)【※29】

しかし、不思議なことにタバコ会社を退職すると、ひとは真実を語れるようになるものです。R. J. レイノルズを退職した元取締役の

第2章　ニコチンと依存性

ロス・ジョンソンは、『ウォールストリート・ジャーナル』のインタビューに次のように答えています。

> 「ニコチンには依存性がありますか？」
> 「もちろんありますよ。依存性があるからこそ、あんなものを吸い続けるわけです」
> 　　　　　　　（『ウォールストリート・ジャーナル』　1994年）【*30】

しかし、タバコ産業はいままでどおり、表向きは紳士面を装い続けました。BATのCEOであるマーティン・ブロートンは、次のように話しています。

> 「我々は何も隠していません。いままでもそしてこれからも、隠し事をするつもりはありません。我々の社内研究では、タバコに依存性があるという事実は立証されていないのです」
> 　　　　　　　　　　　（『インディペンデント』　1996年）【*31】

フィリップモリス社は次のようなコメントをしています。

> 「タバコに依存性があると主張する人たちのタバコの受け止め方は非常に観念的なもので、科学的根拠に基づいた見解ではありません」
> 　　　　　　　　　　　　　　　　　　　（1996年）【*32】

しかし、「タバコに依存性がある」という証拠はどんどん集まり、ついにタバコ産業のウソが発覚することになります。『オブザーバー』誌が「ニコチンには依存性がある」という記事を掲載したことを受けて、BATのクリス・プロクター博士はこう反論しました。

63

「"依存性"は感情のように曖昧な内容を表わす言葉です。もちろん、喫煙（に付随する意味）を含めてさまざまな解釈ができます。ここ数十年の間に、依存症という言葉の意味も著しく変化してきました。最近では、映画にも『チョコレート依存症』や『恋愛依存症』といった表現が頻出します。つまり、"依存症"という言葉は日常会話で気軽に使われるようになったわけです。そう考えれば、タバコに似通った薬理的な作用をもつコーヒー、紅茶、チョコレート、コーラなど身近な物質を摂取する行為すべてに"依存症"という言葉があてはまると言えるでしょう」　　　　　　　　　　（BAT　1998年）【*33】

　つまり、すべての物質に依存性があるという論法です。英国TMAのジョン・カーライルは雑誌のインタビューで新たなごまかし方を披露しました。

　　インタビュアー「ニコチンに依存性はありますか？」
　　カーライル　　「依存という言葉は幅広く、さまざまな解釈ができる言葉です。人はいろんなものの依存症になります。インターネット依存症になる人もいれば、買い物依存症になる人もいる。セックス依存症だってあれば、紅茶やコーヒーの依存症だってありえます。タバコについて言えば、依存性はありません。ただタバコを吸う習慣が身につくだけです」
　　　　　　　　　　　　　　　　　　　　（TMA　1998年）【*34】

第2章　ニコチンと依存性　＜解説＞

　ニコチンの依存性に関しては、1988年に米国公衆衛生局長官が「ニコチンは他の常習性をもつ麻薬に匹敵する生理学的、心理学的特性を持っている」と指摘するまでは、まだまだ議論の余地があるかのようでした。しかし、タバコ会社はとっくの昔にニコチンに依存性があることを認識していました。そしてタバコに最小限必要なニコチンの量を正確に知っており、その量を調節していました。

　ニコチンの依存性に関しては、私が説明するよりもタバコ会社の研究者に証言してもらう方が良いでしょう。

　以下は、書籍『タバコ・ウォーズ』（フィリップ・J・ヒルツ著　小林薫訳　早川書房）からの引用です。映画『インサイダー』の主人公にもなったブラウン・アンド・ウィリアムソン（B＆W）社の元副社長ジェフリー・ウィガンド博士の裁判所での証言です。

　ウィガンド博士は、タバコ会社がニコチンの中毒性を知っていたことを裁判所やテレビで証言し、タバコ問題の流れを大きく変えた人物です。証言の中に出てくるサンダファーという人物はB＆W社の社長で、1994年の米国議会の公聴会で証言したタバコ会社7社の最高経営責任者たちの1人です。

　　　　　　弁護士：もう一つ質問します。1989年から、あなたがサンダファー氏により解雇された1993年までの間に、タバコの喫煙とニコチンの中毒性について、何度ぐらい会話が行われましたか。
　　　　　　ウィガンド：われわれはニコチンを配布するビジネスをやっているという声明書が、数多く、多数の幹部、特にサンダファーによ

　　　　　　り作成されました。
　　弁護士：ニコチンを配布するビジネスですか。
ウィガンド：そしてタール分は気の進まないお荷物にすぎないというも
　　　　　　のです。
　　弁護士：タール分はネガティブなお荷物。それで、サンダファー氏
　　　　　　がニコチンには中毒性があるという意見を発言した時、あ
　　　　　　なたは会社の社長である彼の面前にいたのですか。
ウィガンド：はい、いました。
　　弁護士：そして、彼は多くの場合にその意見を表明しましたか。
ウィガンド：しばしばしました。
　　弁護士：サンダファー氏が合衆国議会で、真実を述べると宣誓した
　　　　　　上で証言した内容を今あなたに示そうと思います。サンダ
　　　　　　ファー氏が、合衆国議会に告げることが偽証罪に問われる
　　　　　　のを承知のうえで宣誓し、真実を述べると誓った以上、私
　　　　　　が何をはっきりさせようとしているかが、あなたに分かり
　　　　　　ますか。
ウィガンド：はい、分かります。
　　弁護士：彼は「私はニコチンに中毒性があるとは思いません」と言
　　　　　　った。あなたはそれが分かりますか。
ウィガンド：はい、分かります。
　　弁護士：それは彼があなたに何回か語ったことに反しますか。それ
　　　　　　は真実ではありませんね。
ウィガンド：それは真実ではありません……。
　　　　　　　　　　　　　　　　　　　　（『タバコ・ウォーズ』より）

　また、ウィガンド氏は証言の中で、スモーカーを中毒状態として保つためには0.4ミリグラムから1.2ミリグラムのニコチンが必要であ

ること、B&W社が添加剤の使用等でニコチン・レベルの操作を行っていたことを明言しています。これもまた、従来のタバコ会社の主張が全くウソだったことを示しています。ニコチンの中毒性はニコチンの投与量を操作することにより保たれていたのです。

さて、タバコは食品ではないので、食品衛生法で取り締まることはできないというのがタバコ会社の主張です。また受動喫煙の影響はないと主張することで、大気汚染関連の法律でも取り締まれないとも言い張れます。そして毒物及び劇物取締法でニコチンは毒物として明記されていますが、タバコは薬品でもないので薬事法で取り締まることはできないというのもタバコ会社の主張です。

ところが、上記の証言、あるいは本書第2章の内容から、タバコ会社はニコチンを明らかに薬剤として認識し、調整していることがわかります。

タバコ会社の内部文書を保管しているカリフォルニア大学サンフランシスコ校の研究者がまとめた『シガレット・ペーパーズ』には、1970年、BATによるケベック州セント・アデレード研究会議でのニコチンに関する次のような合意が載っています。

> *ニコチンは（タバコ産業がビジネスを展開するうえで）きわめて重要な物質だ。タバコを市場に普及させるには、ある一定量以上のニコチンがタバコに含まれていなければならない。ただし、化合物質としてみたときのニコチンの種類の違いによって、人体への吸収効率は大きく変わってくる（訳注：たとえばアンモニアを添加するとニコチンの吸収効率が上がる）。
>
> *もしタバコを吸うかたちでニコチンを摂取しないのならば、呼吸器疾患は引き起こされないはずである。そして、タバコの総消費量が減少すれば、その代替品としてニコチンを合法的に摂取する商品供給のビジネ

スチャンスが訪れる。たとえば、「噛みタバコ」であり、「嗅ぎタバコ」だ。こうした商品の研究開発を徹底的に行うべきだ。特に注目すべきは、ニコチンおよび他の"ドラッグ"を経口的に投与する方法である。ただし、ニコチンを食品に混ぜるような危険を冒してはならない。その点を再確認した（訳注：ニコチンは猛毒物質であり、食すると生命の危険を伴う）。

　喫煙者を増やしタバコ市場を成長させるには、ニコチンの依存性を利用するのが一番です。そこでタバコ産業は、人工的につくることができる「再構成タバコシート」と呼ばれる安上がりな代用品をタバコの葉に混ぜる手法で、タバコのニコチン量を自由にかつ安く調節していくようになりました。なぜこんなまどろっこしいことをするかというと、ニコチンそのものは猛毒なので、ニコチンを合成抽出して活用するのは禁じられているからです。

　「このシートを作るには、（タバコの）残った茎や切れ端や塵粉を用い、本当の葉をちょっぴり加え、それら全てを細かく刻んでパルプにする。全ての黒っぽい液汁は抽出されて片側に貯めておく。それから、パルプは押しつぶされて大きな紙状のシートにされる。液汁をもと通りに加えると、シートはスーパーマーケットでもらう茶色い紙袋のような色と手触りになる。そして、これをタバコの葉と同じく刻むのだ。最後に、本当の葉とこのパルプくずを、シガレットを作るために混ぜ合わせる。この混合はかなりの金の節約になる」

（『タバコ・ウォーズ』より）

　そして、高ニコチン含有の再構成タバコの開発を促進し、競合他社の製品と比較し、また精神的薬理学的研究を進めるより消費者のニーズをつかむことができるだろうとも述べています。
　なお、これらの引用元であるカリフォルニア大学サンフランシス

コ校のタバコ会社の内部文書『シガレット・ペーパーズ』は、インターネット上からもチェックできます。

http://www.library.ucsf.edu/tobacco/

　本章で出てくる1971年の会議でのダン・ジュニアの話をさらに紹介していきましょう。いかにタバコ＝シガレットがニコチン注入装置として完成度の高い製品かを熱弁しています。その理由を次のように挙げています。こちらも『タバコ・ウォーズ』からの引用です。

1. それは人目につかず、携帯可能である。
2. その中身は即座に利用できる。
3. その投与法は進行中の（ニコチン中毒の）大抵を妨げない。シガレットをニコチン1単位の自動販売機と考えればよい。そしてタバコの一服はニコチンの伝達手段だと考えてみればよい。
4. 35ccのタバコ1本分に、ニコチンのほぼ適正量を含んでいる。
5. 喫煙者が数量を自由に決められる。1度に吸い込む量、吸う間隔、吸い込んだときの深さと持続時間なども同様だ。喫煙者の喫煙量には様々な変化があることが記録から判明している。1日に平均1箱吸う喫煙者のグループの中にも、ある特定の1日だけをとると、半箱以下しか吸わなかったり、2箱以上吸ったりしている例がある。
6. 吸収性は極めて高く、97％のニコチンが体内に吸収される。
7. 高速移動性。ニコチンは1から3分で血流に運ばれる（訳注：これはかなりの過小評価であり、最初の刺激は肺から脳へ約8秒でいき、そしてニコチンの血中濃度は1〜3分で高くなる）。
8. 有害でない投与法

『タバコ・ウォーズ』より

　アメリカ公衆衛生学会の『ニコチンと公衆衛生』（*Nicotine and Public Health, the American Public Health Association, 2000*）とい

う本に、依存症についての説明が載っています。歴史的には、「依存（addiction）」という言葉は、ローマ法の裁判用語に起源があるようです。ご主人様に「隷属している」誰かという意味です。

のちに「依存」という用語は薬剤使用のあるパターンを説明する際に使われるようになりました。つまりある薬剤に隷属するようになるまで投薬された薬剤使用者の状態を意味する言葉、それが「依存」だったわけです。もはや薬剤に対して自由に独立して行動できず、薬剤の文字どおり「奴隷」になった状態です。

しかし「自由を喪失」し「何かに隷属する」ことを意味する「依存」という言葉は、ある種主観的な表現でもあるがゆえに、後に、「耐性」（tolerance：量反応関係の移動）や「身体的従属」（physical dependence：薬剤使用が減少したり停止したりした時の退薬効果の発現のことで使用を再開すれば即座に軽減される）といったより定量的で客観的な表現に重みを置いた薬学的な表現に置き換わっていきました。その結果、薬剤使用者のきわめて中心的で重要な行動パターンである「自由の喪失」と「隷属」という特徴がぼやけてきてしまいました。要するに、「耐性」や「身体的従属」というような薬学的表現がはびこったせいで、薬剤使用者の行動パターンという重要な問題に目がいかなくなっていったのです。

薬剤使用者の行動の定義には、世界保健機関（WHO）の2度にわたる定義やアメリカ国立薬剤乱用研究所（NIDA）、アメリカ精神医学会の定義などがあります。

1988年のアメリカ公衆衛生局長官報告では、薬剤依存の一般的定義が行われました。この定義をもとに、アメリカ厚生省は「ニコチンには依存性がある」と正式に認めたのです。タバコ会社が1960年代からニコチンの依存性を知り、それをビジネスに利用していたのに、公的機関がニコチンの依存性に関して意見を表明するのが遅れ

たのは、単に「依存性」という非常にわかりやすい概念を表現する方法に先ほど記したような混乱があったからでしょう。

WHO、NIDA、アメリカ精神医学会の「依存」に関する共通定義は次の3点です。

① ある特定の薬剤に関し、使用者が自分の意思にかかわらず習慣的に使用せざるを得なくなっている状態、もしくは使用者が容易に止めることができないか長期間控られない状態
② ある特定の薬剤の「支配下」にある人間が、その薬剤を使えばいいことがある（例：タバコを吸うと仕事がはかどる、気持ちがおちつく）といった動機づけを無理やりしようとする心理が働いている状態
③ ある特定の薬剤をどんな困難があっても持続的に使用し続けたくなっている状態

クラークらは、「依存症」についてこう定義しています。
——薬剤依存は以下の2点で特徴づけられる行動が強く確立された様式である。1つ、「気持ちよくなる」ために、ある薬剤を何度も反復して服用しようと行動する。2つ、使用者がその薬剤を自らやめようとしても、自分の力では長期にわたる服用停止を成し遂げるのが非常に困難である——。

こうしてみればわかるとおり、喫煙者とタバコの関係は、典型的な「依存症」です。ところが2004年現在、JTは「タバコの依存性は低い」と公言しています。なぜでしょうか。

それは、ここに挙げた以外の「依存症」に関する定義の中に、たとえば「入手するのがどんなに困難なものでも無理やり入手しようと試みる状態」といった定義が含まれているケースがあるからです。

いわば非合法の麻薬中毒者のイメージです。この定義を「依存症」を説明する際に必須とみなすと、合法的にどこでも購入できるタバコの喫煙は「依存」とはいえなくなってしまうわけです。逆に言うと、これまで「依存症」の定義には、長い間「非合法薬剤」の特徴が必ず含まれているかのように誤解されていたのです。「依存症」という症状と「非合法のドラッグに手を染めた中毒患者」のイメージとを結び付けてしまいがちな世間の風潮もこの誤解を助長したかもしれません。

　勘違いしないでほしいのは、合法的に購入できるタバコの常用喫煙は、立派な「依存」だということです。それをきっちり認識してほしいと思います。

　研究者に証言してもらわなくても、タバコの依存性の強さは私たちも日常よく経験します。同様にその依存性が問題となるアルコールと比較してみましょう。多くの飲酒経験者が昼間飲まなくても我慢できますが、タバコの場合、多くの喫煙者が昼間も一定の時間間隔で吸っていないと我慢できません。

　タバコはニコチンを喫煙者に手軽に注入するための針のない注射器です。タバコを吸う行為は、ニコチンを静脈注射並みに急速に脳に到達させるための手段です。繰り返しますが、ニコチンは依存性のある麻薬なのです。こうした事実をタバコ会社は真っ先に知っていたばかりか、販売拡張に積極的に利用していたのです。ひとことで言えば、タバコ産業は非常に洗練された"麻薬産業"なのです。

第3章
子供たちを喫煙者に

「我々が過去10年の経験から学んだことは、タバコ産業は若年層のニーズに応えた（製品を販売してきた）企業に支えられているということだ」

（インペリアルタバコ・カナダ）

概　要

　タバコ産業は、公式には「子供たちをマーケットとはみなしません」という姿勢をとってきました。しかし、その実「ティーンエイジャーにどうやってタバコを売りこんでいくか」ということに力を注ぎ続けてきたのです。タバコ産業は"ティーンエイジャー"というマーケットを舞台に、熾烈な販売競争を繰り広げていきました。

　タバコ産業は、長年にわたって「子供たちがタバコを吸い始めるきっかけとして、最も大きな理由は『友達からの誘惑』である」と主張してきました。けれども、タバコ産業の内部文書はこの「定説」と矛盾したことを記しています。つまり、タバコ産業は若年層向けに積極的な広告宣伝活動を行って自社のタバコブランドの認知度を上げ、そのブランドのタバコを吸うように友達を「誘惑する」ようになるまで子供たちを「操作」してきたのです。

　タバコ産業は、10代でタバコを吸い始める人間が少数派であることを知っています。その一方で、タバコ会社が若い人や子供たちを自社ブランドの"とりこ"にできれば、その子たちは一生そのブランドのタバコを吸い続ける可能性があります。実際の話、とある民間機関の調査によれば、喫煙者のおおよそ60％が13歳までにタバコを吸い始めており、90％以上の喫煙者が20歳になるまでにタバコをたしなむようになっているそうです。つまりタバコ産業が生き残るためには、この若年層をターゲットに広告を仕掛けなければならない、ということなのです。

　ここに、タバコ産業の矛盾が見られます。

　未成年のティーンエイジャーや子供たちにタバコを売り込むことは、社会的にも法律的にも許されないことです。しかし、タバコ産業が存続するためには、この若年層に宣伝を仕掛けざるを得ないの

第3章 子供たちを喫煙者に

です。こうしてタバコ産業は、自らの利益のために子供たちをターゲットにしていったのです。

タバコ産業の内部文書が、"タバコ産業の本性"を自ら暴露していました。タバコ産業は、5歳前後の幼児を対象にした喫煙研究を行うなど、喫煙年齢に制限を設けていません。あるタバコ産業の役員はこう言い放っています。

「子供にだって口はあるだろ。だったらタバコを吸わせたいね」

タバコ産業は、子供たち向けの広告を仕掛けるだけではなく、魅力的な言葉で誘惑したり、漫画を使ったりして、子供たちにタバコを吸わせようと画策し、ティーンエイジャーに禁煙させまいとあれこれ手を打ちます。

タバコ産業は、思春期を迎えたティーンエイジャーの心理を巧みに利用する方法を学び、彼らが抱える"心の悩み"をタバコで解消させるように仕向けます。また、若年層の志向やライフスタイルを研究し、いかにうまく彼らの動向を利用してタバコの売り上げに結びつけるかを模索していきます。ある社内文書には、「タバコ産業には人体実験室が必要である」とまで書かれていました。

社内文書から、さらに次のような事実が明らかになりました。

タバコ産業のマーケティング部門役員は、タバコに「大人の世界への入り口」といったイメージを植えつけているといいます。その内容は、たとえばセックスのような禁断の快楽であり、大人への第一歩を踏み出すための儀式の1つである、といったものでした。

こうしてタバコ産業は、若年層にタバコの肯定的なイメージを植えつけました。たとえば少年に向けては、大人の証明であり、男らしさの象徴であり、そして自信や自由、反抗のシンボルといったイメージです。少女に対しては、女性らしい印象をタバコに結びつけ

たのです。
　最も成功したタバコ会社の広告として、マルボロのカウボーイを起用した広告と、R. J. レイノルズ社のラクダをキャラクターにしたオールド・ジョー・キャメルの広告が挙げられます。この2つの広告は若年層の人気を獲得し、彼らを喫煙に誘ううえで絶大な効力を発揮しました。またタバコ産業は、スポーツ雑誌に広告を掲載したり、カーレースのスポンサーになるなど、新たな手法で若年層市場を開拓していくことになります。

重要な事実

　タバコ広告は、3歳児にすら影響を及ぼしています。ある調査によれば、6歳の子供たちの間では、タバコCMのキャラクターであるジョー・キャメルがミッキーマウスと同じくらい知られているそうです。別の調査によれば、ジョー・キャメルは大人よりもむしろ子供たちに人気が高いという結果がでています。

　子供たちは、TVのスポーツ番組で頻繁に宣伝が流れるタバコのブランド名をよく覚えています。タバコの広告を見て、「タバコが吸いたい」と思うようになるのはだいたい9歳ぐらいからです。その後、実際にタバコを初体験する年齢になるまで、子供たちはタバコの広告の波にさらされます。

　11歳までの子供たちが印象深く記憶しているタバコの銘柄は、頻繁に広告を打っているものでした。調査によると、10歳から11歳の子供の3分の1、および中学生の半分は、どのタバコのブランドがどのスポーツのスポンサーをしているか、名前を挙げて説明することができます。

　10代後半から20歳までの若者を対象として、タバコの味や香りなどのクオリティを訴えるタイプの広告がありますが、こうした広告にも幼い子供たちは反応し、タバコに魅力を感じるようになります。

　そして、ティーンエイジャーは、人気スポーツのスポンサーをしているタバコの銘柄を好みます。

　タバコ産業は実に巧妙な宣伝活動を行い、世間を欺いてきました。すなわち、大人びたものや洗練されたイメージの広告など、一見するとタバコ会社が子供たちに宣伝をしているようにはとても思えないのです。しかし実際には、大人向けの宣伝活動が確実に子供やティーンエイジャーの心を捉えているのです。なぜなら、大人向けの

広告を見て子供たちは、「タバコを吸うこと＝大人になること」と考えるようになるからです。こうしたタバコ産業の冷徹な宣伝活動によって、ティーンエイジャーたちは、タバコはとても価値があるもので、タバコが「大人の証(あか)し」であるかのように思うわけです。そして喫煙したいと熱望し、喫煙の誘惑にかられてしまうのです。

タバコ産業が語った真実

1950年代後期

　タバコ産業は、若年層マーケットをターゲットにしてタバコを売り込んでいきます。1957年、フィリップモリスの役員は、次のようなメモを残しました。

> 「たとえ（調査や宣伝の）経費がかかったとしても、若年層にタバコを売り込めれば、より多くの利益が見込めるはずである。なぜなら、若い連中はタバコを吸いたがっているし、とにかく若い世代というのはお互いに影響を受けやすい。さらに、ひとは最初に吸い始めたタバコの銘柄を忠実にずっと吸い続けてくれるものだからだ」
> （『スモーク・スクリーン』：書籍『タバコ・ウォーズ』の原題　1996年）
> 【*1】

　フィリップモリスはタバコ広告にカウボーイのイメージキャラクターを起用しました。その理由は――。

> 「独立と抵抗の象徴であるカウボーイのイメージは、若者を魅了するにはうってつけである。これで、"新米喫煙者"たちをマルボロというブランドに振り向かせるのだ」

　マルボロの元役員は、こんなふうに当時を思い返しています。

> 「当初タバコ会社は、10代の少年を第1ターゲットにするつもりはな

かったはずです。ところが、(マルボロのキャラクターである)カウボーイがティーンエイジャーの熱狂的な人気を集めるようになると、タバコ会社は彼らをターゲットにしてタバコを販売するようになったのです」

(『スモーク・スクリーン』:邦題『タバコ・ウォーズ』 1996年)
【※2】

1960年代後期

　10代の少女たちもまた、タバコ会社の巧みな衝動にのって、喫煙の衝動にかられるようになります。1968年、フィリップモリスは女性をターゲットにしたタバコ"バージニアスリム"を発売しました。特に10代の女の子を夢中にさせたそのタバコのキャッチコピーは「いつでも素敵なキミのそばにいる」でした。バージニアスリムを発売した後、6年間で10代女性の喫煙率は2倍に増加しました。　【※3】

　ティーンエイジャーのシェアはどんどん大きくなっていきます。フィリップモリスの調査報告書から、「15歳の少女喫煙者の15％、15歳の少年喫煙者の23％はマルボロを吸っている」という統計が明らかになりました。　　　　　　　(フィリップモリス　1969年)【※4】

　一方で、タバコは「親離れと自立」の象徴となっていきます。フィリップモリスの役員会の資料の草案には次のように書かれていました。

　「若者にとってタバコを吸い始めるという行為は、象徴的な意味も

あります。すなわち、『俺はもうおふくろべったりのガキじゃねえ、タフで、命知らずで、イケてる……』といった具合です。いずれにせよ、こうした心理的な動機づけが薄れていったとしても、今度はタバコの薬理学的な作用が働くようになり、禁煙は困難になるわけです」
　　　　　　　　　　　　　　（フィリップモリス　1969年）【※5】

1970年代初期～中期

70年代当時、喫煙年齢の下限は、まだ14歳のままでした。

「喫煙年齢の下限は、14歳にとどまったままです」
　　　　　　　　　　　　　　（R.J.レイノルズ　1971年）【※6】

　R.J.レイノルズ社は子供たちの興味を引くことが、マーケットを確保するためにいかに大切であるか認識するようになります。1973年2月2日、R.J.レイノルズのR&D（研究開発）部門チーフであるクロード・ティーグは、「若年層市場に向けてのタバコの新銘柄についての考察」という報告内容を書き残しました。

「まず最初に話しておかなければならないことがある。それは、もはや我々は若年層をターゲットにタバコを宣伝販売していかなければならない状態にある、ということだ。もちろん、私自身もこれはいけない行為だと感じている。しかし、我が社が生き延び、繁栄していくためには、これからもずっと若年層をターゲットにタバコを販売していかなければならないのだ。そのためには、若者の心を引き付けるような新たなブランドが必要になる。それはもちろん、あ

らゆる年齢の喫煙者にとっても魅力的なものでなければならない。まずは、喫煙をしたことがない人たちがタバコを吸いたくなり、タバコの吸い方を学び、堂々たる"喫煙者"になるにはどんなファクターを満たさなければならないのか、それを考え出すことが課題となる」

R. J. レイノルズ社は、若年層の心理を分析していきます。クロード・ティーグの考察は続きます。

「新しいブランドは、若年の喫煙者たちに"イケてる"ブランドだと認知されなければならない。そこで、新ブランドのプロモーションでは、"仲間意識"や"連帯感"、そして"親密感"といったイメージを強調していく。一方で、"個性"や"自己の尊重"といったイメージも付けていくのだ。10代後半や20代前半の若者は、精神的なストレスを受けやすく、どこか落ち着きがなく、あらゆることに退屈を感じているものである。彼らは社会的にも複雑な状況に置かれている。だから、ときには数分立ち止まってタバコに火をつけ、灰皿を探すといった行為をさせてやるのだ。こうしてやり場のない退屈な時期になにかをするきっかけを与えてやるわけである。若者のセルフイメージは壊れやすく、発展途上の段階にある。ゆえに、若者が自分のセルフイメージを大きくするには、あらゆる『手助け』が必要となる。タバコのブランドを宣伝していくにあたって、(タバコが)こうした若者のセルフイメージの『拡大』の手助けになるように見せることができるかどうかが、(タバコ産業にとっては)昔から大きな課題であった。そして、これからもより真剣に追求しなければならない課題である。そのためには、若者の流行語を丹念に追いかけ、調査しなければならない。また、現在高校で使われて

いる歴史教科書などの資料をめくれば、ブランドの名称やイメージづくりに役に立つヒントが載っているかもしれない。この段階までくれば、もはや調査担当の仕事ではない。マーケティング担当の仕事である」 （1973年）【※7】

タバコ産業は、「未成年の喫煙を防ぎましょう」といった表向きのキャンペーンを張る一方で、子供たちにタバコを宣伝販売していく方法を模索していきます。ブラウン・アンド・ウィリアムソンの副総合弁護士の秘密メモには、次のような内容が書かれていました。

「タバコ産業には最優先で処理すべき問題がある。それは、子供たちに喫煙させないといった教育的な配慮をみせつつ、まだタバコを吸っていないひとびとがタバコを吸い始めるように仕向けることである」 （ブラウン・アンド・ウィリアムソン　1973年）【※8】

そこで、漫画を宣伝活動に利用していきます。R. J. レイノルズの社内文書から、次のような発言が見つかりました。

「若者に向けてマルボロのイメージ戦略を展開してきた。そのためには、どんなキャッチコピーをつけるよりも、漫画で表現するほうが若年層の興味を引くだろう。テストマーケットで漫画を使った宣伝を数多く行い、読者層の反応や広告のインパクトについてリサーチするべきだ」 （R. J. レイノルズ　1973年）【※9】

12歳前後の子供たちにもマーケティングリサーチを仕掛けていきます。フィリップモリスの市場調査部はこんな報告をしました。

「12歳から17歳の子供452人を対象にして、喫煙に関する調査を行った。その結果、13％の子供が１日平均10.6本のタバコを吸っていることがわかった。この調査結果は、フィリップモリスの研究所はもちろん、他社の研究報告とほぼ同じ結果となっている」

（フィリップモリス　1973年）【*10】

　タバコ産業の未来のために、若年層の市場シェア拡大を試みます。R.J.レイノルズが重視しているエリアに向けた、1975年度のマーケティング計画の内容です。

「『ヤングアダルト』をいかにとりこむかが我々の問題だ。1960年、14歳から24歳までの『ヤングアダルト』層は、アメリカの総人口の21％を占めていた。それが1975年には、27％にまでなると見られている。つまり、この世代こそがタバコ産業の未来を左右するのだ。14〜24歳の世代が年をとっていけば、少なくとも今後25年は、タバコ市場において中心的な顧客であり続ける。となれば、既存ブランドのタバコをどう宣伝していけばいいか、という戦略の方向性も明確になる。すなわち、より直接的に、若い世代に向けた広告を打っていくのだ。『ウィンストン』の宣伝に関しても、以上の戦略に従い、『ヤングアダルト』を"あからさま"にターゲットにした新しい広告キャンペーンを展開していくべきである」

（R.J.レイノルズ　1974年）

　若い喫煙者たちは、タバコ産業にとってなによりも大切な存在なのです。ブラウン・アンド・ウィリアムソンの社内文書「ザ・ニュースモーカー」の内容は以下のようなものでした。

第 3 章　子供たちを喫煙者に

「若年喫煙者は、タバコ産業にとって非常に大切な存在である。人数が多くマーケットの中心を占めているうえ、各銘柄の常用者でもある。ただし、彼らを攻略するのはなかなか難しい。まずはタバコを吸わない若者の価値観や行動をリサーチする必要がある。そして、タバコに対する猜疑心はないか、仲間からの同調圧力はどうか、倫理的な問題をかかえていないかなどさまざまな角度から調べるのだ。マーケットと消費者の調査を続け、"新参" 喫煙者の意見をくみ上げていこう。どんな行動様式を持ち、何を考え、何をしたいのかなど、調査をしてそこから読み取れるものを研究する。つまり、"生体実験室" をこしらえて若者たちの観察を続けるわけだ」
　　　　　　　　　　　　　（ブラウン・アンド・ウィリアムソン　1974年）【※11】

　タバコ産業は、若者にとって魅力的に映る広告を打ち始めます。R. J. レイノルズの社内文書では、1975年の市場の目標を次のように定めています。

「若年層のシェアを伸ばせ。14歳から24歳の層の総人口に占める割合は21％、1975年には27％になる見込みだ。彼らが年を重ねるにつれ、これから25年間のタバコ販売率の重要な比重を占めることになる。既存のブランドとシェアを奪い合うことなく、この若年層への広告を仕掛けていこう」　　　　（R. J. レイノルズ　1974年）【※12】

　かくして、タバコ産業は15歳の子供すらターゲットにしていきます。以下は、ブラウン・アンド・ウィリアムソンの社内文書で強調されていたコメントです。

「15歳から24歳の年齢層の男女をターゲットにして、クールのキン

グサイズを売り込みなさい」

(ブラウン・アンド・ウィリアムソン　1974年)【※13】

1970年代中期〜後期

タバコ産業が言う「ヤングアダルト・スモーカー」とは、つまり未成年の喫煙者のことです。ブラウン・アンド・ウィリアムソンの内部文書には、次のような言葉が記されていました。

「喫煙市場のカテゴリーや喫煙者たちについて言及するとき、『ヤング・スモーカー』『ヤング・マーケット』『ユース・マーケット』といった言葉を使ってきました。しかし、これから先、低年齢層の喫煙者にビジネスをしかけるときには、『若年成人喫煙者』、『若年成人市場』といった言葉に言いかえてください」

(ブラウン・アンド・ウィリアムソン　1975年)【※14】

マルボロの売り上げが上昇したのは、ヤング・スモーカー(未成年喫煙者)のおかげでした。フィリップモリスの研究者マイロン・E・ジョンストンは、研究主任のロバート・B・セリグマンに次のような報告をしています。

「マルボロの売り上げの上昇は、15歳から19歳の"ヤング・スモーカー"にマルボロが浸透したことに起因します。私の独自データによれば、マルボロは特に15歳から17歳の年齢層に人気があるようです。マルボロの喫煙者の年齢層は全体の平均よりも年齢が低く、低所得者が多いという傾向にあります。ただし、ヤング・スモーカーの間ではマルボロレッドの人気は下降傾向にあり、これからもこの

状態は続くと考えられます。ヤング・スモーカーの人気が落ちたということは、これからもマルボロの売り上げは落ち続けていくことを意味します」　　　　　　　　（フィリップモリス　1975年）【*15】

喫煙を正当化することで、タバコの健康問題に対する議論を抑えこもうとします。ブラウン・アンド・ウィリアムソンは新製品「ヴァイセロイ」の広告目標を掲げました。

「ヴァイセロイは若者好みで風味のよいタバコであることを宣伝しよう。そして、喫煙は有意義な行為であると伝え、健康に関する疑問などすべて払拭してやるのだ」

（1976年）【*16】

R. J. レイノルズ社の書類に、1976年から1986年の収益計画が書かれています。マーケットを維持するために、14歳から18歳の年齢層に向けたタバコブランドを開発していくことにしたようです。

「喫煙人口の中で、14歳から18歳の年齢層の割合が増えている。R. J. レイノルズは、この年齢層に向けた新しいブランドを立ち上げるべきだ。そうすれば、業界における我々の立場は長期にわたって安泰であるはずだ」　　　　　（R. J. レイノルズ　1976年）【*17】

フィリップモリスでは、14歳の子供たちへのタバコ販売量を増やしていきます。以下はR. J. レイノルズの内部文書「年齢階層別タバコのシェア―ヤング・スモーカー」の内容です。

「企業別に売り上げを見ると、フィリップモリスは14歳から17歳の

喫煙者からの収益を4ポイント伸ばした。一方、R. J. レイノルズ およ
び ブラウン・アンド・ウィリアムソンは2ポイント減となってい
る」　　　　　　　　　　　　　　　　　　　（1976年）【※18】

　ブラウン・アンド・ウィリアムソンの社内文書から読み取れる、
喫煙を始めた子供たちから得るものとは……。

「クール・スーパーライトが売上第3位までのぼりつめたのは、
85％は愛用者のおかげであり、残りは喫煙ビギナーのおかげである。
16歳から25歳の若い男性に愛用者が多いようである。クールはメン
ソールとノンメンソールのいずれも、マルボロと並び喫煙ビギナー
の間で人気が高いようだ」
　　　　　　　　　（ブラウン・アンド・ウィリアムソン　1977年）【※19】

　タバコ会社も喫煙が生活習慣の一部になるように宣伝し、ニコチ
ンを蔓延させます。インペリアルタバコ・カナダの調査によれば、
喫煙者を増やす決定的な要因はタバコの味ではなく、その依存性に
あるようです。

「若者が喫煙に求めるのは、『味』や『満足感』よりもむしろ、（タ
バコを吸っていることで）一人前の大人として周囲に認められるこ
とである。そんな若者たちが、喫煙でニコチン依存症に陥るまで、
『タバコの味』というのはたいした問題ではないのだ」
　　　　　　　　　　　　　　　　（インペリアルタバコ　1977年）【※20】

　タバコ会社は、タバコを吸い始める理由を調査していきます。イ
ンペリアルタバコ・カナダの「プロジェクト16」を立ち上げるにあ

たってのコンセプトを紹介します。

> 「タバコを吸い始めたばかりの若者たちが、タバコをどのように受けとめているかを知ることは、タバコ産業の将来にとって重要なことである。この年齢層の意見を調査するために、我々は『プロジェクト16』を立ち上げることにした。このプロジェクトでは、子供たちが何をきっかけにタバコを吸い始め、喫煙者となることをどう見なし、将来もタバコを吸い続けるのかどうか、といった意識調査をしていく」

仲間からの圧力で11歳からタバコを吸い始めたとしても、子供たちは17歳までにタバコをやめたくなるという調査結果が出ていました。「プロジェクト16」では、思春期の子供たちの喫煙について次のようにまとめています。

> 「思春期の子供たちがタバコを吸い始める大きな理由として、仲間から受けるプレッシャーがあげられる。12歳から13歳くらいのときに、(仲間に遅れまいと)必死になって喫煙を経験しようとするのだ。ところが、11歳から13歳くらいの間にタバコを吸い始めると、健康のために禁煙をしようと考えても、16歳、17歳くらいでもう喫煙がやめられなくなっている。しかも、16歳になる子供は、もはや仲間から誘われて喫煙を始めるといったことはなくなるのだ」
> (1977年)【*21】

マルボロは子供たちの人気を独占していきます。

> 「マルボロは17歳以下の若年層での人気を独占し、タバコ市場の

50％のシェアを占めている」

（フィリップモリス　1979年）【※22】

1980年代初期〜中期

　今日のティーンエイジャーは、明日のタバコ産業にとって非常に重要な顧客です。10代の子供たちが初めて吸うタバコの銘柄は、タバコ会社の未来を決定づけるのです。
　フィリップモリスの研究員であるマイロン・E・ジョンストンが、リッチモンドにあるフィリップモリスR＆D部門のヴァイス・プレジデント、ロバート・B・セリグマンに、次のような文書を送りました。

「10代の子供たちの喫煙習慣をできる限り調べることが重要です。今のティーンエイジャーは、ゆくゆくは我が社の重要な顧客になりえます。なぜなら喫煙者のほとんどは10代でタバコを吸い始め、その時点でこれからずっと吸い続けるであろうタバコのブランドを選択するからです。マルボロ・レッドが最盛期にあれほど急激に売り上げを伸ばした理由は、ティーンエイジャーがこの銘柄を好んで喫煙をしたことによります。彼らは成人してからもずっとマルボロという銘柄を吸い続けたのです。しかし、これからは我が社がティーンエイジャーの間で従来のような急激なシェアの拡大を望むことは、難しくなっていくでしょう。なぜなら、我が社はすでに若年の喫煙者の間で高いシェアを持っているからです。今後は、他社以上にシェアの減少に苦しめられることになると考えられるでしょう」

（1981年）

（このレポートは12歳前後の喫煙者に関する調査結果に基づいて作成されました）【*23】

ジョー・キャメルの広告は3歳児にも影響を与えました。『JAMA』（ジャーナル・オブ・アメリカン・メディカル・アソシエーション）では、ジョー・キャメルの広告には子供たちを引きつける魅力があったと報じています。とある調査で、3歳から6歳の子供にいろんな製品やロゴを見せて並べてもらう実験を行いました。すると、その子供の半数は、ジョー・キャメルのロゴとタバコの写真をそろえることができたのです。6歳児にいたっては、ジョー・キャメルをミッキーマウスと同程度に認知していました。ジョー・キャメルの広告からタバコのブランド名を答えられた大人は67％に過ぎなかったのに対し、96％の子供がその名を答えられたという結果も出ています。【*24】

タバコを吸い始めたばかりの子供たちはタバコの危険性など知る由もなく、ニコチン依存症になってはじめてタバコの危険性を認めるようになります。インペリアルタバコ・カナダの報告には次のように書かれていました。

「喫煙ビギナーですらタバコの危険性を承知しているが、自分自身にもタバコの危険が及ぶなどと考えてはいない。なぜならその時点で、彼らはまだニコチン依存症になっていないからである。ところがひとたびニコチン依存症になると、タバコの危険性を認めざるを得なくなるようだ。禁煙したい人は幅広い年齢層で存在するが、最近は以前より若い年齢で禁煙を望む傾向が顕著である。中には、高校を卒業するまでに禁煙したいなどという若者もいる。『自分は禁煙をしたい』とただ思うことと、『実際に禁煙をする』ということ

はまったく別の話である。"禁煙志願者"は、すぐに知るようになるものだ。『タバコをやめたくなる唯一にして最大の方法はスポーツをすることである』という事実を」

(インペリアルタバコ・カナダ　1982年)【*25】

R. J. レイノルズは、報告書『ヤングアダルト・スモーカーズ：販売戦略と機会』で、若年層をターゲットにしてタバコを販売する理由をはっきりと説明しています。それによると――

「ヤングアダルト・スモーカーは、過去50年にわたってタバコ会社と各ブランドの盛衰の重要な鍵を握ってきました。そして、これからも彼らは企業とブランドにとって2つの理由で大切な存在であり続けるでしょう。まずマーケットの基幹となるのは18歳の喫煙者だということが理由としてあげられます。24歳以降にタバコを吸い始めるのは、(喫煙者全体の) 5％以下です。18歳の喫煙者はそのときに吸い始めた銘柄を忠実に吸い続け、年をとっても銘柄を変えることはありません。ひとたびヤングアダルト・スモーカーの間でその銘柄が定着すれば、年齢や銘柄への忠誠心など関係なく、高所得で年齢の高い層にも新しい銘柄が浸透していくものです。つまり、ヤングアダルト層のマーケットをつかみ損ねた企業や銘柄は、苦戦を強いられることになるわけです。こうした企業は、ただシェアを保っているだけの状態から、毎年純利益をあげられる状態に移行していかなければなりません。ここでまた、ヤングアダルト・スモーカーだけがその穴を埋められる(利益の源になる)わけです。もしヤングアダルト・スモーカーがタバコを吸い続けなければ、タバコ産業は衰退していきます。それは、子供を生めない種族が滅んでいくのと同じです」

第3章　子供たちを喫煙者に

（注：唯一ここで説明されていないのは、18歳の喫煙者の喫煙行動や銘柄に対する忠誠心がどのようにして築かれていくかということです。その忠誠心を築く方法とは、18歳よりも若い年齢層にタバコを販売していくことです）

若年層はタバコ産業の長期的な発展に欠かせない存在です。R. J. レイノルズの報告書は以下のように続きます。

「この年代は『要注意』マーケットです。ブランドを成長させ、マネジメントしていくには、あらゆるマーケティング手法が必要となります。製品、宣伝広告、ネーミング、パッケージ、メディア展開用プロモーション、流通対策にいたるまで、長期的かつ真剣にとりくみ続けなければなりません。たとえば、マルボロにとって重要なイメージ要素は"男っぽさ"ではないわけです。大切なのは、若者たちのアイデンティティや所属意識（に訴えかけること）です。マルボロという銘柄こそ、仲間に受け入れられ人気のある、"平均的"な若年成人層のためのタバコなのです」

（R. J. レイノルズ　1984年）【※26】

タバコ会社は、若者に絶大なる人気を誇るモータースポーツに目をつけました。BAT香港のジェネラル・マネジャーであるゴードン・ワトソンが、マカオ・グランプリのスポンサーとしてこんなふうに話しています。

「我々は無駄なことには金を使わない。だからこそ、モータースポーツには徹底的に力を入れ、随所でJPSブランドの宣伝を行っていくこととする。レースのスピード感は子供にとってエキサイティン

グであり、トレンディなスポーツと映るだろう。あなた方だって若い気持ちを持っていれば、同様に興奮するはずだ。つまり、このレース好きな層が、まさに我々がここでターゲットしているひとびとであり、若くしてこうしたレースに興味を持つことは我々のターゲットとなる資質の表れなのである」

(『サウスチャイナ・モーニングポスト』 1984年)【※27】

それでもタバコ産業は、「タバコは大人の嗜好品です」と声高に訴えます。R.J.レイノルズは、子供に向けて『タバコは"大人"の嗜好品』という宣伝活動を続けていきました。

「我々は、子供たちの喫煙を望んでいないし、もちろん子供たちに向けてタバコの宣伝もしない。特に若者に対しては『タバコは大人になってから』という広告すら打っているほどである。ただ、"我々の望みどおり"、子供たちがこの手のタバコの広告には注意を払っていないだけである」　　　　(R.J.レイノルズ　1984年)【※28】

子供たちが記憶しているのは、スポーツのスポンサーをしているタバコの銘柄です。『ヘルス・エデュケーション・ジャーナル』にこんな記事が掲載されました。

「子供たちは、頻繁にテレビで放送されるスポーツのスポンサーのタバコ銘柄を認識しているものだ。タバコ産業がスポーツのスポンサーをするのは、子供に宣伝できるからである。タバコ産業は、こうしてテレビでタバコの宣伝を禁ずる法律の裏をかいているのだ」

(『ヘルス・エデュケーション・ジャーナル』　1984年)【※29】

第 3 章　子供たちを喫煙者に

1980年代中期〜後期

　若者の目に魅力的に映るブランドが必要になります。BATのタバコ戦略レビューチームの議事録には、「マルボロとの競争及びブランド戦略」という文書があります。

> 「マルボロは特に若い喫煙者に人気が高いが、この年齢層にアピールするブランドを持っているのが重要なポイントだ。そのマルボロに対抗するために、まずはこの若年マーケットのある特定集団に狙いを定めてブランディングをし、彼らを対象に宣伝やマーケティングをしっかり行っていくことが必要だ」　　（BAT　1985年）【※30】

　R. J. レイノルズの内部文書「プロジェクトLF　1年目のマーケティング・ストラテジー」では、13歳の子供に狙いを定めていたことがうかがえます。

> 「コードネーム"プロジェクトLF"とは、成人男性をターゲットにしたノン・メンソールのタバコです（特に13歳から24歳のマルボロ喫煙者をターゲットにしています）」
> 　　　　　　　　　　　　　　　　　　　　（1987年）【※31】

　ジョー・タイ、ケネス・ワーナー、スタントン・グランツらによるタバコ広告と消費量に関する調査では、次のような指摘をしています。

> 「喫煙者の約60％は13歳までに、90％は20歳までにタバコを吸い始めている。つまり、現在の喫煙者人口を維持するには毎日5000人以

上の子供たちにタバコを始めてもらわねばならないのだ」
　　　（『ジャーナル・オブ・パブリック・ヘルス』誌　1987年）【*32】

　タバコ産業の勝ち組は、「自分を大人っぽく見せたい」という若者のニーズに応えた会社ばかりです。インペリアルタバコ・カナダのマーケティングプランは、次のような内容でした。

　「過去10年から学ぶことといえば、タバコ産業は若者のニーズに応えてきた会社が支えてきたという事実がある。若者の間で人気のあるブランドに力を注げば、年配の喫煙者間でのシェアを拡大できるはずだ。まずはITLというブランドに、若者の興味を引くような、はっきりとしたブランドイメージをもたせる戦略を練るべきだ。このタバコにより印象的なイメージをつけるために、思い切って予算をつぎ込もう」　　　（インペリアルタバコ・カナダ　1987年）【*33】

　この文書によれば、男性は12歳から17歳。男女あわせると12歳から34歳があらゆるブランドの"ターゲット"になるとされています。

　ようこそ、ジョー・キャメル――1980年、R. J. レイノルズは新たにラクダの漫画"ジョー・キャメル"をキャラクターに起用しました。アメリカ国立疾病防疫センター（CDC＝Centers for Disease Control）の調査によると、タバコのキャラクターとしてジョー・キャメルが登場した1980年から1988年の間、若者の喫煙率の増加が過去最高になりました。　　　（『ダーティ・ビジネス』　1988年）【*34】

1990年代

『JAMA』には、「ジョー・キャメルは大人よりも子供に人気が高い」という研究結果が掲載されました。3歳児の30％、6歳児では91％がジョー・キャメルを知っており、そのイメージをタバコと結びつけることができました。研究者はこの調査結果を次のように見ています。

> 「タバコの銘柄『キャメル』の漫画キャラクター"オールド・ジョー"は、あらゆるタバコ銘柄のロゴの中で、最も認知率が高かった。マーケット・リサーチャーたちは『子供のころに記憶した商品というものは、後々まで商品志向に影響をもたらす』と考えている。子供たちは宣伝で見かけた商品を好むものである。この実験に参加した子供たちは、大人と子供の両方をターゲットにした商品のブランドロゴをよく覚えているという結果が出ている。タバコはテレビで宣伝されることはないし、小さな子供はその文字を読むことができない。しかし、6歳ぐらいになると、ミッキーマウスと同程度にオールド・ジョーを覚えているのである」
>
> (『JAMA』vol. 266 1991年)【*35】

タバコ産業はスポンサー活動を行い、10代の子供たちが禁煙するのを邪魔します。『JAMA』に掲載された研究内容によると——。

> 「タバコ産業がキャメル・スーペリアのオートバイレースのように、スポーツイベントのスポンサーをするのは、ひとえにティーンエイジャーに禁煙させないためである。——我々の調査から、タバコの宣伝広告は子供や青少年のニコチン依存度を高め、中毒に陥らせる

という結果がでている。子供たちをタバコの危険性から守るため、タバコの広告と宣伝活動を全面的に禁止することは、科学的な根拠に基づいた結論なのである」

(『JAMA』vol. 266　1991年)【*36】

　『アドバタイジング・エイジ』誌は、「さらばジョー！　オールド・ジョーの広告をやめろ」【*37】という記事を掲載しました。それに対してR. J. レイノルズのジェームズ・ジョンストンは、次のように反論しました。

　「広告は、若者たちが喫煙をすることになんら影響を及ぼしてはいません」　　　　　(『アッシュ・トゥ・アッシュ』　1996年)【*38】

　タバコ産業のスポンサー活動は明らかに子供たちを狙ったものであるという、充分な証拠がありました。『ザ・ジャーナル・オブ・スモーキング・リレイティッド・ディジーズ』(タバコ関連疾患ジャーナル)誌は、「タバコ広告と子供たちへの影響」についての検証結果を掲載しました。

　「子供たちは、スポーツのスポンサー名やその銘柄の名称がついた製品などを見て、タバコの広告であると認知していた。しかも、大人向けのこうした広告が、むしろ小さな子供に大きな影響を与えている。タバコ産業が『子供に向けた宣伝ではない』とするのは、まったく道理にかなっていない発言である」

(『ザ・ジャーナル・オブ・スモーキング・リレイティッド・ディジーズ』　1992年)【*39】

第3章　子供たちを喫煙者に

「私は少年たちに"イメージ"を売りつける詐欺師でした」と、R. J. レイノルズの広告モデルを7年間務めたデイブ・ゲルリッツが、自分がかかわってきたマーケティング活動について語りました。

> 「私は若者を喫煙に誘い続けました。それは、（喫煙するひとびとが）亡くなったり、禁煙者が出たりするたびに減ってしまう喫煙人口の穴埋めをするためです。私は、タバコのいいイメージばかりを若者に売りつけた詐欺師のようなものでした。私の仕事はといえば、1995年までに50万人の子供たちを喫煙者にすることだったのです」
> （『ザ・サンデー・タイムズ』 1992年）【※40】

かくして、キャンディ・タバコまで作られるようになりました。ポーランドの税関は、東ヨーロッパの子供に販売する目的で開発された「マルボロ・キャンディ・シガレット」を運ぶトラックを足止めしました。

> （『ポジティブ・ヘルス』 1992年）【※41】

キャンディ・タバコのキャラクター"Reg"が子供たちに浸透していきます（訳注：Regとは、"Regal"というタバコの銘柄を宣伝するために作られたキャラクター名）。ストラスクライド大学のソーシアル・マーケティングセンターが行った調査をBMJ誌に掲載しました。そこで、エンバシー・リーガル・Reg・キャンペーンが白日の下にさらされました。

> 「このキャンペーンは、大人よりもむしろ10代の子供たちに宣伝効果があり、特に14歳から15歳の喫煙者たちへの効力は絶大なものだった。しかし、これはタバコの宣伝を規制した法律に反している。

法律では『大人以上に子供の興味を引く広告であってはならない』としているにもかかわらず、この広告は特にティーンエイジ・スモーカーたちに効果を発揮したわけである」　（BMJ　1994年）【*42】

結局、Regの販売は中止となり、インペリアルタバコは「エンバシー・リーガル・Reg・キャンペーン」に終止符を打ちました。　【*43】

ジョー・キャメルは、子供たちにとって魅力的な存在だったことが、フィリップモリスの幹部の発言からわかります。

「今ここで何が起こっているかは、広告を見れば一目瞭然である。ジョー・キャメルのような漫画のキャラクターが子供たちに人気があるという事実を否定するなど、バカげたことである」

（1993年）【*44】

喫煙を始めるのは平均して14歳であり、最もたくさん宣伝したブランドが売上一位を獲得しました。保健社会福祉省（DHHS＝US Department of Health and Human Services）の報告が『アメリカ国立疾病防疫センター　疾病・死亡週報』（MMWR＝Morbidity & Mortality Weekly Report）に次のように掲載されました。

「米国では青少年のうちおよそ300万人が喫煙をし、年間約10億箱のタバコを消費している。喫煙者が初めてタバコを吸う年齢は平均して14歳と半年で、そのうちの約70％が18歳で喫煙者として定着する。1993年、12歳から18歳の子供たち1031人を対象に意識調査を行ったところ、そのうちの70％は、常に自分のタバコを携帯していた。青少年に人気が高いのはマルボロ、キャメル、ニューポートで、青

少年の86％がこの銘柄を購入していた。この青少年の間で最も人気がある3つのタバコブランドが、1993年に最も宣伝広告に力を入れている銘柄だったのである。ちなみに1993年の宣伝広告費は、マルボロ、キャメル、ニューポートが上位3位を占めていた」

(MMWR　1994年)【*45】

フィリップモリスは子供に"知らせるため"に「タバコは大人の嗜好品」という広告を打ちました。

「未成年者にタバコを販売するなど誰にも許される行為ではない。未成年者は喫煙すべきではないのだ。だからこそ、フィリップモリスは未成年者にタバコを販売しないようにする包括的なプログラムを進めてきたのである」

(『スモーク・スクリーン』：邦題『タバコ・ウォーズ』　1996年)
【*46】

カリフォルニア大学の研究によると、18歳以下の子供たちにとっては、仲間からの同調圧力よりもタバコの広告のほうがはるかに強力な喫煙のきっかけになっていることがわかりました。ピアース博士の報告内容です。

「子供たちは広告を見てすぐに喫煙を始めるわけではありません。最初は広告を見てタバコを吸う真似ごとをし、試供品をもらって試すうちに、タバコに対する抵抗が次第に少なくなっていきます。そのうちに仲間からタバコを勧められるようになり、最終的に喜んでタバコを吸うようになるわけです」

(『ニューヨーク・タイムズ』　1995年)【*47】

「仲間からの誘い」と「広告の効果」について考えてみましょう。『アドバタイジング・エイジ』誌のランス・クライン編集長はこんな発言をしています。

> 「タバコ産業のひとびとは、未成年者がタバコを吸い始めるのは仲間からの誘いが一番の理由であるとしています。しかしそれは、小さな女の子が口紅をつけることに化粧品の広告がなんら影響をしていないと言っているようなものです。ブランドの好みは、子供の頃に形成されるものではないでしょうか？」
> (『アドバタイジング・エイジ』誌　1995年)【*48】

フロリダでR. J. レイノルズの販売代理人をしているテレンス・サリバンは、次のようなコメントを残しています。

> 「我々は子供たちをターゲットにしていました。当時私は『これは倫理に反した不法行為だ』と主張していました。しかし、『それが会社の方針なのだから』と言われてしまったのです」

サリバン氏によれば、R. J. レイノルズがターゲットとしている"若者"とは具体的には誰のことを指しているのか、との問いに対して、R. J. レイノルズは「中学生かあるいはもっと小さな子供のことだ」と答えたといいます。そして、「子供たちにもタバコを吸う口があるだろ？　だったら、(年齢に関係なく)ぜひタバコを吸ってもらいたいね」(『スモーク・スクリーン』：邦題『タバコ・ウォーズ』より)【*49】と話していたということです。

第3章　子供たちを喫煙者に

　米国のタバコ会社リゲットは、タバコ産業が"若者"に向けてタバコを販売していると認めた最初の会社となりました。

　「"若者"には、18歳から24歳の層はもちろん、18歳未満の子供たちも入っています」
　そして、リゲット社は、こんな約束をしました。
　「良心に誓って、青少年を含む子供たちに向けたあらゆる広告活動をやめます」（『ウォールストリート・ジャーナル』 1997年）【*50】

「ザ・キャンサー・リサーチ・キャンペーン」の調査から、モータースポーツ・ファンの男子が喫煙者になる可能性は、通常の2倍になると報告されました。

　「（この数字が、）タバコ会社がスポーツのスポンサーをすることによって銘柄の認知率を高め、少年たちにタバコを勧めている、という決定的な証拠である」
　　　　　（ザ・キャンサー・リサーチ・キャンペーン　1997年）【*51】

　明らかに、宣伝活動は喫煙行為に影響を及ぼしていたのです。『JAMA』誌は「タバコの宣伝広告が喫煙開始に影響を与えている、初の明らかな証拠」【*52】という論文を掲載しました。

　「タバコ産業が宣伝活動を通じてタバコを吸わない人にも影響を与え、タバコ依存症への道を歩み始めるように仕向けている——という証拠がある。我々の研究では、タバコの宣伝広告は、喫煙をしていない青少年にも影響を与えているのだ。我々のデータによれば、1993年から1996年の間にカリフォルニアで行った全調査対象のうち

すべての実験の中から34％のひとびとが、タバコの宣伝広告に影響を受けて喫煙を始めていることが明らかになっている」

(『ザ・ガーディアン』 1998年)【*53】

　R. J. レイノルズの会長兼CEOのアンドリュー・J・シンドラーはミネソタの公判で証言をしました。そこで、R. J. レイノルズが子供をターゲットにしたという内容の文書を見せられ、次のように説明したのです。

「私は、自分の会社について恥じ入っております。今では、14歳から17歳をターゲットにしてはおりません。とても悪いことをしたと反省しております。愚かな行為でした。もう二度とこのようなことはいたしません。我々は、どんな形であれ14歳の子供をターゲットにすべきではありませんでした」

(『パイオニア・プレス』 1998年)【*54】

第3章　子供たちを喫煙者に　＜解説＞

　ASHは、本書の中でこの第3章に多くのページを割いています。タバコ産業が喫煙を法律で禁止されているはずの未成年者に対してまでタバコを売りつけようとしていたという事実を明らかにしたことが、本章の焦点です。

　タバコ産業にとってタバコを未成年に対して売りつけることは、単にタバコの売り上げを伸ばす以上の大きな意味がありました。未成年をタバコ依存症（ニコチン中毒）に仕立て上げることは、タバコ産業の将来に必要不可欠なことなのです。未成年者や子供はニコチン中毒になりやすく、また大人と異なり、タバコを吸う行為が大きな「伝染力」を持ちます。一度吸い始めたブランドに対して忠誠心を抱き、結果として将来に渡る確実なタバコの消費者となってくれます。

　本章にも出てくるように、20歳以上、すなわち成人になってからの喫煙は、未成年からのそれに比べ、習慣になりにくいのです。タバコ会社にとって喫煙常習者になってもらうには、20歳すぎてからだと"遅すぎる"のです。

　ここで大いなる矛盾が生じます。タバコ産業は、積極的には子供たちの喫煙を助長していない、と主張しています。しかし、それが事実ならば、タバコ産業は崩壊してしまいます。成人からの喫煙者たちだけでは市場を維持発展できないからです。

　生涯にわたってタバコ産業の"お得意さん"になってくれるひとびとの89％は19歳までにすでにタバコの顧客＝喫煙者になっている――これが、タバコビジネスの基本です。

　本章に登場するR. J. レイノルズの報告書『ヤングアダルト・スモ

ーカーズ：販売戦略と機会』（92ページ）では、「それは、子供を生めない種族が滅んでいくのと同じです」と指摘しています。未成年者に喫煙習慣をつけさせないと、タバコの消費量は伸びないのです。そこで、タバコ会社はさまざまな研究を行いました。

　前掲の『タバコ・ウォーズ』によれば、カナダのインペリアルタバコは1976年、その後10年続く「プロジェクト16」を開始しました。このプロジェクトの報告書の一部は本章で紹介されています。調査対象は、ハイスクール在学中の16歳または17歳の子供で、1日にタバコ5本以上を吸うと自己申告したスモーカーでした。この報告書には、こうした若年スモーカーのニーズを満たしたタバコ会社が成長するだろう、とまで記されていたそうです。

　1977年10月18日付けの「プロジェクト16」報告書には、「10代の若者がタバコを吸い始めるきっかけの最も大きな要因は、『仲間意識』だ。11歳から13歳ごろにかけて、すでにタバコを吸っている子供がまだ吸っていない子供に対し、タバコを吸えとプレッシャーをかけてけしかけるケースが多い」と述べられています。

　子供へのタバコの販売は、次の第4章「タバコ産業の広告宣伝戦略」で取り扱う内容と密接に関連しています。「プロジェクト16」によるとインペリアルタバコの1981年度の広告計画では、自社のプレイヤーズ製品群に対する「目標グループ」として12歳から24歳までの年齢を取り上げ、それぞれ、マーケティング上の重要性を数字で重みづけをしました。重要度1.0が「最重要」を意味する、という具合にです。なぜ、数字で重みづけをするのか。それは「目標グループ」と定めたひとびとにできるだけ頻繁かつ正確にアプローチするために、どの雑誌や媒体に広告を出稿すべきか決定するためです。

　ちなみにこの「数字による重みづけ」作業の結果、カナダのインペリアルタバコ社のブランド「プレイヤーズ・ライト」の場合、12

歳から24歳までの「男性グループ」が、マーケティング上最も重要なグループとみなされました。

　1994年のアメリカ公衆衛生局長官報告書『若者の喫煙予防』は、喫煙者を減らすための重要な政策として、若者たちのニコチン依存症の発生予防を挙げています。若者たちはニコチンに依存しているから喫煙を始めるのではありません。社会心理的な周囲の環境による影響によって喫煙を始めるのです。一般的に若者はニコチンの依存性を過小に考えていて、彼らのほとんどは当初2〜3年だけ吸うつもりでいるようです。

　しかし、いったん喫煙を始めると、多くの若者がニコチン依存症になり、依存は大人になっても害を及ぼし続けます。もちろんタバコ会社はその事実に以前から気づいていました。それどころか、若者がニコチン依存症になりタバコを買わざるを得なくなる状況をビジネスに利用してきたのです。

　ニコチン依存症の結果、タバコが原因で起きた病気のせいで40％の人たちが早死にしてしまうことをデータは示しています。喫煙を経験してしまった大人をいまさら守ることは難しいのですが、タバコ製品のニコチンの利用を規制することにより、未成年者がタバコを試しに吸ってみたりたまたま吸ってみたりした後にニコチン依存症に陥る状況を予防できるかもしれません。

　未成年者こそがタバコ産業の要なのだ——その事実が明らかになると逆に、アメリカの喫煙防止の基本戦略もはっきりとした形を整えるようになりました。前述のカナダのインペリアルタバコの「プロジェクト16」の報告書もある意味で社会の役に立ったようです。

　ニコチン中毒の専門家である米国ニュージャージーのジョン・スレイド博士が表現するように、ニコチン中毒は根本的に「小児科の病気」なのです。こうした観点は、米国の食品医薬品局がタバコ会

社を規制するにあたって、どのような方法が有効であるかを考えるうえで大きなヒントをもたらしました。

　元小児科医であり、食品と医薬品に関する連邦法の法律専門家であるデイビッド・A・ケスラー局長が、食品医薬品局のタバコ問題への積極的な取り組みを進め、1994年2月25日、タバコの中のニコチンを薬物として規制する意向を宣言しました。タバコに含まれるニコチンは、今世紀の初頭までは米国薬局法における政府の公式薬物リストに明記されていたものの、その後、ニコチンは除外されていたそうです。

　実は日本の法律でもニコチンは毒物として明記されているのです。ところが、関係者の皆さんはそれを忘れてしまっているかのようです。日本中毒情報センターへの問い合わせのトップは、タバコやタバコの抽出液の誤飲にどう対処するかに関するものです。タバコ関連の誤飲は、よく知られているように命にかかわります。

　米国の食品医薬品局が打ち出した具体的なニコチン規制政策の基本は次の4原則に基づいていました。

　1、子供たちがタバコを買えないようにする。2、広告を見せないようにする。3、喫煙の危険性のみでなく、喫煙に走らせる社会的誘因についても啓蒙する。4、タバコの税率を引き上げる。

　このうち、当初タバコの税率を引き上げることは見送られました（しかしその後、税率は引き上げられました。ニューヨーク市ではタバコの値段が約800円にまでなったことは記憶に新しいところです。タバコの値上げが未成年者の喫煙防止の役に立つという理由は、章末の注を参考にしてください）。

　残りの3つに関する具体的な政策の骨子は次の通りです。まず、「自動販売機を禁止する」。これは、成人喫煙者が2％以下しか自動販売機で買わないのに13歳以下の喫煙者の4分の1が自動販売機で

タバコを買っていたからです。次に「青少年を主たる対象とした広告を禁止し、帽子やTシャツのような販売促進物を禁止する」。そして「タバコ製造業者には、連邦政府が作成した子供向けの公共教育キャンペーンの費用を負担することと、広告内で喫煙に対する肯定的イメージ作りをしないことを要求する」。さらに、「青少年の喫煙者数が7年間に半減しなければ、また追って措置をとる」というものです。

既存のデータから類推できることが1つあります。日本では未成年喫煙者の71.7％が自動販売機からタバコを購入しています（2001年警察庁調べ）。一方、自動販売機の規制がなされた酒類の販売比率は20％と激減しています。タバコの販売が、酒類やサッカーくじtotoのように対面販売等の方式で未成年者への販売規制を徹底的に行えば、我が国の未成年者の喫煙は激減する可能性が高いのです。それは必然的に将来の喫煙人口の激減を招きます。

未成年者の喫煙人口の激減は、将来のマーケットを考えるとタバコ産業にとって絶対に避けなければならない事態です。「自動販売機はタバコ購買者の便宜を図るために設置している」「タバコ屋さんはお年寄りが多いので横文字の多いタバコの名前がわからない」というのが、だいたいの表向きの理由です。この理由は、コンビニでのタバコ販売が普及した現在、形骸化してしまっています。

自動販売機の禁止や青少年を対象とした広告の禁止など、青少年をターゲットにした食品医薬品局のタバコ法案に関して1990年代後半、ゴア副大統領はクリントン大統領に、新聞に掲載されたR.J.レイノルズ役員の次のようなメモを大声で読んで聞かせ、決断を促したそうです。

「ある意味でたばこ産業は、製薬業界に属する、専門化され、高度に儀式化さ

れ、様式化された一部分として考えられるべきなのかもしれない。タバコ製品は独特な形で、ニコチンという、さまざまな生理学的効果を持つ強力な薬物を含み与えるものであり……」　　　　　　（『タバコ・ウォーズ』より）。

　その後、米国では青少年の喫煙削減目標を60％減としました。そしてそれを達成しないとタバコ業界には毎年35億ドルの罰金が課せられるというのです。ちなみに日本の削減目標は100％（すなわち未成年者の喫煙割合をゼロにする）です。ところが達成されなくても罰金は課せられません。
　ニコチン中毒を小児科の病気としてとらえ、戦略を組み立てた米国では、1990年代終わり頃から未成年の喫煙割合は確実に減少し始めました。

注：タバコの値段と未成年の喫煙
　日本では、たばこ税を引き上げてタバコを値上げする話が出ると、サラリーマン喫煙者の財布を直撃するという意見がすぐに出ます。しかしタバコの値上げは、大人よりも未成年のタバコの購入に大きな影響を与えるのです。したがって未成年の喫煙対策としてタバコの値上げは有効です。たばこ税を引き上げてタバコの値段が上がっても、その税金を有効に使えば、喫煙者の方々の健康問題にもプラス、青少年の喫煙問題にもプラス、タバコ産業関係の方々に転業のための補助金が行き渡ってプラス、公的医療費が減少してプラスなどなど、厚生労働省が主張するように、みんなハッピーになります。
　青少年のほうが大人よりもタバコの値段の影響を受ける理由は、『レギュレーティング・タバコ』（オックスフォード・ユニバーシティ・プレス）によると主に以下の4つとなっています。①青少年は喫煙年数が比較的少ないために、中毒に陥っている大人よりも値段に敏感に反応し、離脱できやすい。②喫煙者が少なくなったときの影響は大人よりも青少年のほうが大きいので、直接的影響だけでなく間接的影響も大きい。③経済理論上、ある商品への支出が収入全体に占める割合が大きければ大きいほど、その商品の値段による購入への影響が

大きいことが知られている。したがって若い人の収入に占めるタバコ代の割合は結構大きいので、値上げは若い人ほど効果がある。④若者には長期にわたる健康問題を訴えるよりも現在の価値から訴えるほうが関心を呼び、効果がある。

　いかがですか？　タバコの値上げは、日本でも問題となっている青少年の喫煙防止に非常に有効な方法です。もちろん日本の場合、自動販売機の撤廃がまず重要なのですが。

第4章
タバコ産業の広告宣伝戦略

「広告ビジネスの面白さは、広告があらゆる商品の消費量を増大させる力を持っているところにあります。ところが不思議なことに、タバコの場合、広告がぜんぜん効かないのは事実なのです」

マッキャン・エリクソンの前会長であるエマーソン・フットは、2000万USドル以上に及ぶタバコ産業の予算を預かってきました。しかし、彼の話によると、「これだけの予算を広告にかけても、タバコの消費量増大につながりはしなかった」ということでした。

概　要

　20世紀初頭のタバコ広告では、タバコの害を堂々とごまかし、健康に対する影響についても心配ないと言いふくめ、さらに特定の製品については、「タバコは健康に良い」とさえ言い切っていました。

　1940年代、これらの広告は欺瞞であると非難されるようになります。そして1950年代、現代において最も成功した広告だと言われる"マルボロマン"が登場しました。

　1960年代、タバコ産業はタバコと癌の因果関係を否定するために広告を利用します。タバコ産業は、広告規制は"宣伝広告の自由"を侵害する行為だと繰り返し主張します。しかし、「タバコ産業が広告によって誤った情報を流している」という批判に対しては、いっさい答えてきませんでした。

　タバコ産業は、自分たちの広告の目的はあくまで従来の喫煙者に新しい銘柄のタバコを吸ってもらうことにあり、タバコの消費量を増やしたり、子供たちにタバコを吸わせる効果はないと主張し続けました。

　しかし、タバコ産業が子供たちを狙っていることを裏づける、決定的な証拠が見つかっています。

　タバコのテレビCMは、まず英国で禁止され、続いてアメリカでも禁止されるようになりました。そこで、タバコ産業は規制を巧みに回避するために、芸術やスポーツのスポンサーになろうとします。タバコ産業は「スポンサー活動によってタバコの消費量が増えることはない」と、宣伝活動のときと同じ定義づけをしてスポンサー活動を展開していきました。

1980年初めになると、タバコ会社は広告やスポンサー活動が規制されるのを回避するために、"ブランド・ストレッチング"（訳注：ブランド名のついたグッズを販売したり、銘柄と同名のショップを展開したり、レーシング・チームを所有するなどして、広告の形をとらずにそのブランド名を世間に知らしめる手法）を展開するようになります。80年代初め、BATは新しいF1レーシング・チーム「ブリティッシュ・アメリカン・レーシング」の結成を発表するなど、現在でもこのコンセプトは受け継がれています。

　1998年6月、欧州連合EUは2006年までにタバコ会社の宣伝広告、スポンサー活動及びプロモーション活動をすべて禁止する方針を発表しました。

重要な事実

　1993年、保健省の主任経済アドバイザーであるクライブ・スミー博士は、広告とタバコ消費量の関係について包括的な研究を発表しました。関連性のある広告212件とタバコ消費量を時系列に並べて検証した結果、スミー博士は次のように結論しています。

　「証拠を総合的に検証した結果、タバコの広告は、その消費量に大きく影響していると考えられます」【※1】

　スミー博士はまた、4ヵ国でタバコ広告禁止の効果を研究しました。各国を調査したところ、タバコの消費量が4％から9％程度減少したという結果が得られたのです。これを受けてスミー博士は、次のような結論に達しました。

　「『タバコ広告の禁止』は交絡因子による影響を考慮しても、喫煙率を減少させます」

　計量経済学の手法をとった時系列研究をメタ分析した結果、宣伝活動費とタバコ消費量の間に正の相関関係が発見されました。この研究から、宣伝活動費10％の増加に伴い、タバコ消費量も0.6％増加することが明らかになっています。【※2】

　1989年、米国公衆衛生局長官の報告では、「タバコ広告がタバコ消費量を増やす原因となっていると断言するのは困難である」と強調しながらも、次のように結論づけています。

「今まで行われてきた調査や経験に基づいた論理的根拠により、タバコの広告や宣伝活動は、明らかにタバコの消費活動を活性化させていると考えられます」

米国公衆衛生局長官は、タバコ広告は以下7つの理由で喫煙者を増やすとまとめています。【※3】

①タバコを吸うように子供や若者を誘惑し、タバコ常習者に至らしめる。
②喫煙者がタバコ消費量をさらに増やすように誘惑する。
③禁煙の意欲を減退させる。
④禁煙している者を誘惑し、再びタバコを吸わせる。
⑤広告収入に依存するメディアを買収し、タバコの危険性に関するあらゆる報道を妨害する。
⑥タバコ産業から資金援助を受ける団体を利用して、タバコ規制に反対する。
⑦あらゆる場面で宣伝や後援活動を行ってタバコが街にあふれる環境を作り、ひとびとにタバコを容認させ、タバコの有害性に関する警告を減弱させる。

タバコ産業が語った真実

1920年代〜1930年代

　広告によると、内科医とスポーツ選手にとってラッキー・ストライクがお薦めブランドのようです。1929年、ラッキー・ストライクの広告には、こんなふうに書かれていました。

「ラッキー・ストライクは他のタバコよりも喉への刺激が少ないと、2万679名の内科医が証言しています。しかも、数多くの有名スポーツ選手が1日中ラッキー・ストライクを吸っていますが、呼吸や身体への悪影響は見られません」

（1929年）【※4】

タバコ会社は、鼻にも喉にも影響はないと言い張ります。

「フィリップモリスです。医学会の権威によれば、タバコは鼻や喉の健康によいそうです」　　　　　　　（1939年）【※5】

1940年代

フィリップモリスの広告では次のように謳っています。

「タバコの煙を吸っても喉への刺激はありません」　（1942年）【※6】

さらに多くの医師を動員し、R. J. レイノルズは、『ライフ』誌に次のような広告を掲載しました。

> 「多くの医師はキャメルを吸っています。あらゆるタバコの中で、最も好まれている銘柄です」　　　　（『ライフ』　1946年）【※7】

1949年、キャメルの広告はこんなふうに謳っていました。

> 「キャメルの喫煙者で喉を痛めた者は、誰ひとりいません」
> 　　　　　　　　　　　　　　　　　　　　　（1949年）【※8】

1950年代

インチキ広告まで打たれるようになり、米国連邦取引委員会は、R. J. レイノルズの広告には虚偽があり、詐欺であると判断しました。たとえば、キャメルのCMの例を挙げてこう指摘しています。

> 「『エネルギーを補給し、体力を回復させます』というCMは明らかに虚偽であり、詐欺行為とも受け取れます。タバコに体力を回復させる成分は含まれていません」
> 　　　　　　　　　　　　（『アッシュ・トゥ・アッシュ』　1950年）【※9】

『米国タバコ・ジャーナル』誌は、"女子供"を巨大な市場と位置づけます。

> 「タバコ産業の幹部たちは『女性と若者の市場には潜在的に巨大な

マーケットが存在する』と確信している。しかも、何百万人もの喫煙者を増やすことは、短期的にも長期的に見ても、タバコ産業に確実に利益をもたらしてくれるだろう」

(『米国タバコ・ジャーナル』 1950年)【*10】

ロリラード社のタバコ『ケント』の広告のように、「タバコは健康によい」などという宣伝まで登場するようになりました。

「もしあなたが繊細な喫煙者で、タバコの害を気にかけているのならば……健康を守り、美味さに満足できるタバコはケントしかありません」 (1952年)【*11】

マルボロのタバコを広告するために、フィリップモリスはマルボロ・カウボーイを起用して「ようこそ、マルボロカントリーへ」と広告を打ち、ひとびとの目をマルボロに向けさせました。

「カウボーイを選んだ理由は唯一本物のアメリカンヒーローだからです。おかげで大きな効果がありました」

広告代理店は次のように話しています。

「アメリカにおいて『誰もが受け入れる男らしさの象徴』を探しました」
(1984年)【*12】

さらに詐欺広告が発覚します。米国国家運営委員会は、タバコ産業のフィルター付きタバコの広告は虚偽であるとの見解を示しました。

> 「フィルターはタバコのニコチンやタールを減らし、健康を守ると宣伝されていますが、残念ながらこうした事実はありません。フィルター付きのタバコでも、従来のタバコと同程度、場合によってはそれ以上にニコチンやタールをフィルターを通して吸入することになります。誤った広告により喫煙者は健康のためにフィルター付きタバコを吸っていますが、従来のタバコと比べても健康上の利点はまったくありません」
>
> (『ニューヨーク・タイムズ』 1958年)【*13】

1960年代

米国連邦取引委員会(FTC)はタバコ広告を不正な虚偽広告であると指摘し、「不公正または虚偽の広告を規制し、喫煙による健康への害について明記する法律」の立法を提案しました。

> 「喫煙の危険性についてのひとびとの不安を軽減するために、タバコの生産者側はまったく努力を見せず、時間も金も費やしてきませんでした。タバコには常習性があり、健康を害し、ひとたび喫煙を始めると禁煙することは非常に困難になる、といった膨大な証拠を消費者に提示すべきです。しかしながら、タバコの生産者やタバコ協会はタバコの害を認めず、繰り返し強くタバコの害を否定しています」
>
> (FTC 1964年)【*14】

1965年8月1日、英国ではテレビでのタバコのCMを流すことを禁止しました【*15】。一方米国では、タバコの箱に健康への害を伝える警告文の記載を義務づける法律が議会を通過しました【*16】。

タバコは折り紙付きの"安全な商品"のようです。タバコ・コンサルタント企業の科学者フランシス・ロウとM. C. パイクは、「最重要機密」のレポートを作成しました。

「タバコの広告は、我々が親や医師や教師らに提案する（未成年者の喫煙を禁止する）内容とは、まったく逆の目的で行っている。しかし最終的には、タバコと健康への害の関係を無視し続けることは、誰のメリットにもならない。いずれ政府も、少なくともこの手の虚偽広告に対する規制を設けると考えられる」

(F. J. C. ロウ、M. C. パイク　1965年)【※17】

タバコ産業は、タバコ広告を利用してタバコと健康への害の因果関係を否定します。ブラウン・アンド・ウィリアムソンのヴァイス・プレジデントであるJ. W. バーガードは、PR会社タイダロックに手紙を送りました。

「『タバコが肺癌の原因になるという説は科学的には根拠がない』と訴える広告を、早急に作らなければならない」

(ブラウン・アンド・ウィリアムソン　1967年)【※18】

広告代理店ポスト・キーズ・ガードナー社は、ブラウン・アンド・ウィリアムソンからの依頼で、宣伝キャンペーン「プロジェクト・トゥルース」を開始しました。その目的は、政策決定者に働きかけてタバコの害に関する科学的事実を解明することから喫煙者の権利の主張に論争を移行させることでした。広告代理店が用意した「次は誰だ？」と題した広告や冊子には、次のように記されています。

「タバコ産業は、組織的に悪意に満ちたリンチを受けています。そんなことが起こるはずがないと考える方もいるかもしれません。でもこれはタバコだけの問題ではありません。自由の問題です。アメリカ人にとってタバコなどの製品は、それぞれの嗜好にあわせて楽しむ信頼できる商品です。言論の自由と公正な経営は、我々の自由な社会と信頼とともに活動してきた企業の伝統であると同時に、社会的に約束された権利だと考えられます」
（ブラウン・アンド・ウィリアムソン「プロジェクト・トゥルース」1969年）【※19】

1970年代

1970年代に入ると、タバコのテレビCMが禁止されるようになりました。

1971年1月1日、米国ではテレビでタバコのCMを流すことを禁止しました。【※20】

結局のところ、広告はタバコの売り上げに貢献しているのです。ウォリック大学のインダストリアル・エコノミクス・アンド・ビジネス・リサーチ・センターの調査研究「広告と旺盛なタバコ需要：英国市場の分析」は、次のように結論づけています。

「調査の結果、統計的に広告はタバコの販売量増加に大きな効果をもたらしてきたといえます。また、広告は現在の消費だけでなく、将来的な消費量にも影響をもたらすのです。たとえば、宣伝広告費

を10％増やせば、売り上げも2.8％増えることになります。

（1972年）【※21】

スポンサー活動による効果は本当にないのでしょうか……。インペリアルタバコはこんな発言をしています。

「私たちの経験によると、スポンサー活動を行ってもタバコ消費量は増加しません」　　　　　　　　　　　　　　　（1976年）【※22】

タバコ産業は広告規制に抵抗します。タバコと健康問題に関するBATの重役決定事項は次のようなものでした。

「我が社はメディアにおけるタバコの広告規制に対抗していかなければならない。しかし、あまりにも強行な態度をとると、むしろ総体的な規制を促すことになるだろう」　　　（BAT　1976年）【※23】

メディアは広告収入のために、タバコについて批判的なコメントをせずにいることが調査から明らかになりました。雑誌の編集者も例外ではなく、広告収入のことを考えて沈黙していたようです。

「タバコ広告を掲載する雑誌を7年間編集してきましたが、『喫煙の習慣によって自然や人間社会がめちゃくちゃに破壊される……』といった記事を一度たりとも掲載することがなく、読者に警告できませんでした。タバコ会社からの広告収入が、全米の雑誌編集者を沈黙させたのです」　　　　　　　　　　　　　　　（1978年）【※24】

タバコ広告規制に対し、国へ働きかけていきます。BATの役員は、

マーケティングに関する5日間のカンファレンスに出席して、次のように発言しています。

> 「広告規制の内容は国によって異なるようだ。しかし、タバコの宣伝広告が禁止された国でもテレビやラジオなどを利用して、大々的に宣伝活動をする方法がないか模索すべきである」
>
> （BAT　1979年）【*25】

かくして、タバコ産業は銘柄名を記載できるタバコ以外の製品を探しだすようになります。

> 「タバコの銘柄名や企業名を付けて宣伝できるようなタバコ以外の製品やサービスを、あらゆる機会を通じて探しだすのだ。できるだけ視覚に訴えかけるものが好ましい。これは時間もコストもかかる提案である。しかし、タバコの直接的な広告が禁じられた場合でも、これでタバコを効果的に宣伝できるという仕組みだ」
>
> （BAT　1979年）【*26】

1980年代

タバコ会社は、若者が熱中するスポーツやイベントのスポンサー活動を展開します。インペリアルタバコの「プレイヤーズ・フィルター・クリエイティブ・ガイドライン」に明記されていた内容です。

> 「16歳から20歳の若者に人気があるか、あるいは将来的に彼らが興

味を示すだろうスポーツなどイベントのスポンサー活動をしていくべきである」　　　　　　　　　（インペリアルタバコ　1981年）【※27】

インペリアルタバコの会長アンドリュー・リードは、「インペリアルタバコ・ポートレイトアワード」のスポンサー活動の理由について説明しました。

「長年にわたり、我々は芸術活動に対して支援を行ってきました。なぜなら、この国の文化は国際的にも大きな影響を与えてきたからです。そしてまた、タバコ産業にも広く世の中と接する機会をもたらしてくれました。スポンサー活動は我々の日々のビジネスにも大きく貢献したのです」　　　　　　　　　　　　（1981年）【※28】

今度は、黒人のコミュニティに狙いを定めます。R. J. レイノルズのマーケティング計画は次のような内容でした。

「大多数の黒人は、宣伝広告の洗練されたユーモアや、微妙なニュアンスに対して反応を示さない。彼らにはわかりやすく、率直に宣伝したほうがいいだろう」【※29】

そして、タバコ会社は宣伝のためにスポーツブランドまで立ち上げます。

タバコ会社は、テニスのウィンブルドン選手権直前に『キム・トップ』というスポーツブランドを立ち上げました。そして、米国の人気テニス選手マルチナ・ナブラチロワは、キム製品を着用してウィンブルドンに出場し、勝利をおさめました。【※30】

俳優のシルヴェスター・スタローンは、5本の映画でブラウン・アンド・ウィリアムソンのタバコを吸うシーンを入れる約束で、同社から50万ドルを受け取りました。「クラブ・ラインストーン」、「ゴッドファーザーⅢ」、「ランボー」、「50／50」、「ロッキーⅣ」で喫煙シーンを演ずる契約です（注：「ゴッドファーザーⅢ」「50／50」には結局出演しなかった）。けれども宣伝の成果は見られず契約は途中で打ち切られました。紫煙をくゆらせるランボーは、実は宣伝だったわけです。【*31】

　映画でタバコの人気を獲得しようともくろみますが……。ブラウン・アンド・ウィリアムソンは、次のような理由で映画から手を引くことにしました。

> 「映画のヒーローがどの銘柄のタバコを吸っても、すべてのタバコの宣伝になるはずだ。商売敵に我が社のタバコの宣伝もしていただこう」
> 　　　　　　　　　　　　　　　（E. ペプルズ　1983年）【*32】

　R. J. レイノルズのウェイン・ロバートソンのコメントからスポーツ・スポンサーに倫理観など備わっていなかったことがわかります。

> 「我々のビジネスはタバコを売ることであって、スポーツイベントを開催することではない。我々は、スポーツをタバコの宣伝に利用しているだけである。我々がマーケティングを行っているイベント期間中と終了後の販売量を調べてみれば、いずれも販売量が増加していることがわかるはずだ」
> 　　　　　　（『ザ・ワシントン・マンスリー』　1989年）【*33】

タバコ諮問委員会のクライブ・ターナーは「非喫煙者は広告の影響など受けません」などと言い張ります。

> 「タバコ広告が喫煙者の喫煙量を増やしたり、非喫煙者に喫煙を勧めることはまったくありません。喫煙者でない限り、タバコ広告やスポンサー活動の影響を受けてタバコを購入するなどということはありえないのです」　　　　　（クライブ・ターナー　1986年）【*34】

広告により消費量が増えていることは明らかです。タバコ産業が発行する『タバコ・インターナショナル』誌は、「ギリシャにおけるタバコ消費量」と題した記事を掲載しました。

> 「基本的に広告を打つことによってタバコ消費量は増加します」
> 　　　　　　（『タバコ・インターナショナル』　1987年）【*35】

タバコ会社は雑誌の記事にも気を配り、気になる記事を目にしました。そこでフィリップモリスは、なにか面倒なことになりそうだと気づき、次のようにコメントしました。

> 「タバコ産業がタバコの宣伝広告を打つのは、銘柄の選択のときに我が社の銘柄を選んでもらうためであって、タバコ消費量に影響をおよぼすことはありません。ですから、先の記事は誤りです。最近、あらゆるマーケットにおいてタバコ広告を禁止する風潮が見られます。しかし、もし先の記事を引用してタバコの規制を強化しようとしても、それは無駄な行為です」
> 　　　　　　（『タバコ・インターナショナル』　1987年）【*36】

第4章　タバコ産業の広告宣伝戦略

　フィリップモリスのマルボロ担当A. ブッツィは「スポーツ・スポンサー活動は広告宣伝ではない」などと主張します。

　「フィリップモリスのような消費財メーカーが、スポーツのスポンサーをするのは、広告宣伝をしているのと同じことだ、と言う人たちがいます。しかし、スポンサー活動が宣伝活動だなどということはありえません」

（D. シンプソンの引用より　1990年）【*37】

　タバコ会社ロスマンズのC・ヴォン・メイヤスタットンは次のように話しています。

　「（喫煙で得られる程度の）ぼんやりした快感のために、大枚をはたく人などいないだろう」

（D. シンプソンの引用より　1990年）【*38】

　スポーツのスポンサーとなったおかげで、タバコの売り上げが84％増加しました。F1レースチーム「ロータス」のマネジャー、ピーター・ウォーは、R. J. レイノルズのF1への投資効果について次のように話しています。

　「ブラジルでのキャメルの売り上げは少なかったが、F1のブラジル・グランプリ開催以降、その売り上げが84％増加しました」

（『マーケティング・ウィーク』　1987年）【*39】

　広告代理店アボット・ミード・ヴィッカーズのデイヴィッド・アボットは、タバコ広告についてこんなコメントをしています。

「『タバコの広告の目的は従来の銘柄の代わりに新しい銘柄を吸ってもらうことです』などというコメントは、消費者を浅はかな連中だと侮辱しているようなものである。タバコ産業が7000万ポンドから1億ポンドもの大金を投じて、タバコ消費量の維持やマーケットの拡大を狙わないはずがない。確かにタバコの宣伝広告は少なくなってきている。しかしそれでも、広告は女性市場や第三世界で新しい喫煙者を増やすことに一役買っている。タバコ広告は健康教育を困難にし、政府も対応しきれずにいるのだ」　　　　（1988年）【*40】

　マッキャン・エリクソンの前取締役会長であり、現在広告担当役員のエマーソン・フットは、タバコ広告のために2000万ドルの予算を動かしていました。それでもまだナンセンスな話を続けます。

「タバコ会社は『タバコの場合、広告を打っても売り上げには何の効果もない』と主張しています。通常ならば、いかにもナンセンスな発言ですし、そうとられるだろうとタバコ会社側もわかっています。広告ビジネスの面白さというのは、広告があらゆる商品の消費量を増大させる力を持っているところにあるわけですが、不思議なことにタバコの場合、広告がぜんぜん効かないのは事実なのです」
　　　　　　　　　　　　　（『ワールド・ウォッチ』 1988年）【*41】

　あなたなら、"死の商品"をどうやって売りますか？　タバコ会社5社のマーケティング・コンサルタントを経験したフリッツ・ガーガンは、自分の仕事を振り返ってこう語りました。

「問題は、どのように"死の商品"を売ったかということです。いかにして年間35万人、1日当たり1000人ものひとを殺す毒を販売し

ていったのでしょうか？　タバコ会社は、山、屋外、湖、海岸などあらゆるオープンな空間の雰囲気を広告に利用してタバコを販売し、また健康な若者やスポーツ選手のイメージも利用してきました。こうした状況下で、タバコの危険性を想像しろというほうが無理というものです。新鮮な空気と健全な雰囲気——溢れる若さやバイタリティといったイメージを利用して、タバコを販売するのが彼らの方法だったのです」
　　　　　　　　　　　　　　　　　　　　　　（1988年）【*42】

　さあここで、ジョー・キャメルの登場です！　R. J. レイノルズは年間7500万ドルを投じて漫画キャラクターのジョー・キャメルを使ったプロモーション・キャンペーンを始めました。

　「ラクダの群れにまぎれてしまった"キャメル君"のごとく、あまたあるタバコ銘柄に隠れて見えなくなっていた"キャメル"というブランドを、若い男性喫煙者たちにアピールしろ！」
　　　　　　　　　　　　　（『ザ・エコノミスト』　1992年）【*43】

　米国下院エネルギー通商委員会小委員会のタバコ会社へのヒアリングにより、タバコ会社が映画にまで宣伝広告の手法を広げている事実が公になりました。「タバコは殺しのライセンス」のはずですが……。

　「タバコの宣伝は通常の広告の形ばかりと限りません。時には映画の登場人物にタバコを吸わせるために経費をつぎ込む、といった方法もあります。たとえばフィリップモリスは、1979年に映画『スーパーマン2』に4万2000ドルをつぎ込んで、マルボロを宣伝しました。映画会社はジェームズ・ボンドシリーズの『007—殺しのライセンス』にラークを登場させるために、35万ドルを支払いました。

フィリップモリスは1987年から1988年の間、56本もの映画にタバコや小道具を無料で提供したといいます」　　　　（1989年）【*44】

　今度は、女性解放を提唱します。女性に人気が高い銘柄のタバコを担当するアメリカン・アドバタイジング社のアカウント・エグゼクティブは、女性向けタバコの販売促進について次のように説明しています。

　「我々は女性の独立と自己実現を促し、独立と自己実現の象徴としてタバコを位置づけようと考えております」
　　　　　　　　　　（『ウォールストリート・ジャーナル』 1989年）【*45】

　1時間半のTV番組に6000回もタバコのロゴが登場することもありました。

　「ニューイングランド・ジャーナル・オブ・メディスン」に掲載された調査によると、1989年7月16日に開催されたマルボロ・グランプリ・イン・アメリカの94分間の放送の中でマルボロのロゴが5933回も画面に登場し、その名が連呼されました。しかもその時間たるや、放送時間の49％を占めていたのです。【*46】

1990年代

　ジョー・キャメルの広告キャンペーンにより、18歳から24歳の年代でのキャメルのシェアが4.4％から7.9％まで増加しました。減少し続けるシェアは、キャンペーンで回復したわけです。それを受けて、

第4章　タバコ産業の広告宣伝戦略

あるアナリストはこんなコメントを残しました。

「ジョー・キャメルのキャンペーンを展開するまで、キャメルのシェアは急速に減少し続けていました。しかし、ここで奇跡的な逆転となりました」　　　（『ザ・エコノミスト』 1992年）【※47】

宣伝広告費に80億ドルを費やします。

タバコ産業は米国とヨーロッパでの広告、宣伝活動、スポンサー活動に年間80億ドルを費やしています。
（『ザ・エコノミスト』 1992年）【※48】

タバコ生産者協会のクライブ・ターナーは、「子供や若者には何もしませんよ」などと言い張ります。

「広告は、企業が大きな市場シェアを獲得する目的でのみ行われています。若者に喫煙を勧める目的で広告を打っているわけではありません」　　　　　　　　　　　（『ザ・ミラー』 1997年）【※49】

英国の厚生大臣テッサ・ジョエルは、女王のスピーチの後、英国政府はタバコ広告を禁止するつもりであることを発表しました。

「政府はタバコ広告を禁止することを約束します。これは、効果的なタバコ対策を施行するために必要不可欠な第一歩です」
（1997年）【※50】

インペリアルタバコの最高経営責任者ギャレス・デイヴィーズは

労働党が提案したタバコ広告の禁止案について、それでも「タバコ消費は減少しない」と反論します。

> 「私は合法的な大人の嗜好品の消費を抑える規制に断固反対します。広告を規制してもタバコの消費は減らないと考えるからです」
> 　　　　　　　　　　　（『フィナンシャル・タイムズ』 1997年）【*51】

そこでタバコ産業は、タバコ広告禁止案の裏をかこうとします。タバコ会社ギャレアー社のスポークスマンは、タバコ広告に関する政府の発表に対して次のようにコメントします。

> 「広告を打たずに製品を市場で販売する方法はいくらでもあります。我々には長年培ってきた強力なブランドがあり、今後もそのブランドは成長を続けることでしょう」
> 　　　　　（『フィナンシャル・メール・オン・サンデイ』 1997年）【*52】

タバコ会社は広告の禁止を一笑に付したわけです。タバコ生産者協会のエグゼクティブ・ディレクターであるクライブ・ターナーはこんな発言もしています。

> 「タバコ会社がスポンサーを務めるスポーツを非喫煙者が鑑賞したために、急にタバコを吸い始める場面を想像できますか？ ありえない話でしょう。政府の一番の目的はタバコ消費を減少させることです。もし、広告を禁止したとしても、その目的を達成することはできないと考えられます。これもまた先ほどの話と同様にバカげています」
> 　　　　　　　　　　　　　（『ザ・ガーディアン』 1997年）【*53】

第4章　タバコ産業の広告宣伝戦略

かくして、ジョーは去りました。

R. J. レイノルズは広告からジョー・キャメルの漫画を削除しました。
　　（『インターナショナル・ヘラルド・トリビューン』 1997年）【*54】

そして、たちまち30件の広告違反が露見することになります。

『タバコ広告とスポンサー活動監視委員会』は、タバコ産業の広告自主規制違反を30件摘発しました。
　　　　　　　　　　　　　　（『デパートメント・オブ・ヘルス』 1997年）【*55】

　BATはEUのタバコ広告規制の裏をかく方法を考えつきます。まず、タバコとおなじブランド名のコーヒーを発売するという、合法的な宣伝活動を企て、すぐにクアラルンプールで実験に移しました。マレーシアの首都クアラルンプールにある商店経営者はこんなふうにコメントしています。

> 「コーヒーにベンソン＆ヘッジという名前を付けたのは、もちろん、タバコのブランド名を目立たせて宣伝するためです。我々は『ベンソン＆ヘッジ』という名前のレストランをテレビや新聞でも宣伝しています。喫煙者にその名に親しんでもらうためのアイデアですよ。喫煙者はコーヒーを見るとタバコを連想します。両者とも"合法ドラッグ"という意味では同類ですからね」
> 　　　　　　　　　　　　　　（『ザ・サンデイタイムズ』 1998年）【*56】

　BATは、「ラッキー・ストライク」のブランド名を冠した衣料品、「ジョン・プレイヤー・スペシャル（JPS）」という名のウイスキー、

「ケント」と銘打ったツアーまでも販売したのです。こうした動きの中、EUは採決によりタバコ広告禁止を決定しました。

　欧州議会は、2006年までに段階的にすべてのタバコ広告とスポンサー活動を禁止することを採決しました。それに対して、タバコ産業は法的対応策を考えると発表しました。
　　　　　　　　　　　（『ザ・ガーディアン』　1998年）【*57】

第4章　タバコ産業の広告宣伝戦略
＜解説＞

　普段私たちは、タバコ販売における宣伝広告の役割をあまり意識していません。しかし、注意深く世の中を眺めると、これだけタバコに対する社会的非難が盛んになってきても、タバコに関する広告が町中に溢れていることがわかります。電車の車内タバコ広告はその典型でしょう。

　そして——、このタバコの広告の隠れた、しかし大きなターゲットが未成年なのです。「第3章　子供たちを喫煙者に」で明らかになったように、タバコの場合とりわけ青少年や子供への宣伝広告が重要なためです。ちなみに直接の宣伝ではありませんが、日本でもタバコ会社は小学生の将棋大会のスポンサーをしています。

　タバコ産業が、広告という手法を使いながらタバコのイメージの刷り込みを消費者に対してその場しのぎで行ってきた典型例があります。アメリカ公衆衛生学会が編集した『ニコチンと公衆衛生』にこんな表が掲載されています。中身は、1950年から54年にかけてアメリカのタバコ産業が展開した「タール除去をうたったフィルターの効用に関するスローガン」の移り変わりです（次ページ）。

　この表は、第1章で説明した1950年代前半、喫煙の害への関心が高まった時期に、タバコ各社が一斉に安全なタバコを売りに出した時の宣伝をピックアップしたものです。今から見ると気恥ずかしささえ感じるキャッチフレーズが並んでいますね。喫煙による害を自社のタバコの売り上げ増に結びつけようとする各社の意気込みが感じられ、微笑ましいぐらいです。だいたいタールやニコチンを100％除去できたら、たしかにタバコの害はありませんが、それでは吸って

1950年から1954年の広告スローガン：タール論争時代

『ニコチンと公衆衛生』（アメリカ公衆衛生学会）より

ケント（ニコチンタバコ最初の低タール）	1952年	「健康が気になる、でも味にはこだわりたいあなたにとって、これ以上のタバコはありません」「このフィルターはケント専用です。だから、健康にもいいし、味にも満足できる比類なきタバコなのです」
	1953年	「こんなタバコ、これまでなかった。最高に健康によく、そしてもちろん心から喫煙の喜びを味わえます」
L&M	1953年	「アルファ・セルロース。これはL&Mフィルター専用素材で、全く純粋で健康に害がないものです」
	1954年	「L&Mフィルターは、お医者さんの要望にぴったりの製品です」
パーラメント	1952年	「もう、みなさん試しています。さあ、あなたもフィルター付きタバコに替えて、健康と悦楽を手にしようではありませんか。そのためには知っておくべきは、パーラメントの存在です」
	1953年	「パーラメントは煙を100％取り除きます—パーラメントの専用フィルターはタールとニコチンをつかまえてお口に触れさせません」
フィリップ モリス	1954年	「このタバコは、喫煙から『不安』を取り除きます」
ヴィセロイ	1951年	「フィルター付きのタバコは、あなたの健康に良いんです」
	1953年	「新しいキングサイズのヴィセロイは、ダブルサイズのでっかい健康を保証します。これは他のキングサイズのタバコと比べて、喉にも肺にもずっと安全です」「ヴィセロイのダブルフィルター効果によってニコチンとタールが、あなたの喉や肺に届くことはありません」

第4章　タバコ産業の広告宣伝戦略

いないのと同じではないですか、と突っ込みのひとつも入れたくなります。誇大広告や虚偽広告のレベルを超えて、今見るとほとんど「冗談」の域です。

　タバコの大量生産は1880年代に紙巻き機械が開発されてからスタートしました。タバコ会社の宣伝広告は1912年のキャメルによりアメリカ全土で始まりましたが、紙巻タバコがどんどん増産された1920年前後（つまり第一次世界大戦前後）から宣伝はさらに盛んになります。キャメルに続いてラッキー・ストライクやチェスターフィールドが登場しました。当時、葉巻やパイプによる「刺激」が喉の癌や口腔癌を引き起こすと考えられており、紙巻タバコは葉巻やパイプよりずっとマイルドで安心だと宣伝されていました（今日では紙巻タバコの方が危険であることが判明しています）。

　しかし1920年代には、早くもひとびとの間で紙巻タバコに対する健康不安が広がりつつありました。タバコは口や喉を刺激し、病気を引き起こし、不純物が混じっていて、健康に悪い——そんなイメージをまとい始めていたのです。

　そこで、タバコ産業はこうした消費者の不安を取り除くのに躍起になり、数々の広告を打ち出しました。

　前ページの表に載せた冗談のような広告も、喫煙の健康不安を解消しようという意図の下につくられたものです。ちなみに1960年までアメリカでは広告に対する法的規制がほとんどありませんでした。したがって、こんな「トンデモ広告」が跳梁跋扈したのです。これらの広告の売りはフィルターの性能でした。1950年代の各社のフィルター競争——。これは、喫煙と肺癌に関する科学的証拠に対抗し、表に記したキャッチフレーズのようなとんでもないウソをばらまき、喫煙者を踊らせました。

　その後、広告の法規制が強化されていきますが、タバコ産業の広

告宣伝に対するスタンスは基本的に1950年代と変わっていません。米国の司法省がタバコ各社に対して莫大な賠償額の訴訟を起こすのは当然の話です。

　実は、表で挙げた広告の内容がウソばかりであることは1958年にアメリカ議会ですでに指摘されていました。フィルターを通したところで効果はなく、タバコが危険で健康を害するということは各国におけるその後の肺癌をはじめとする健康障害の推移を見ても明らかです。本書第5章でも記されていますが、タバコはどのように改造しても「安全」にはならなかったのです。

　タバコ産業は、「イメージ」を消費者に売ってきました。不要不急の商品であり、紙にくるんだニコチン入りの枯葉にすぎないタバコを高く売るためには、各商品のブランドづくりが急務でした。そこで効力を発揮したのが広告宣伝だったのです。

　すでに記したように、「タバコが健康に悪いのではないか？」という疑念は1920年代から早くも消費者の間でささやかれていました。いわんや現代においてをや。ゆえにタバコ産業は、タバコがまとうかもしれないネガティブなイメージをなんとかポジティブなイメージに転換しようと、商品のネーミングから広告宣伝にいたるまでのマーケティングにカネと時間をかけたのです。

　結局のところタバコから人間が得られる快感の正体は、ニコチンが脳に及ぼす薬理作用にすぎません。そして、タバコの味というのは、タールとニコチンと香料などの添加物が混合した刺激にすぎません。

　このふたつの刺激にどれだけポジティブなイメージを与えるのか。タバコ産業は時代に合わせてさまざまなコピーを考え出し、宣伝をし、消費者にイメージを植えつけようとしたのです。健康不安がさらに広がり、また女性市場を開拓しようとし始めた70年代には、そ

れまでになかった、ライト、マイルド、クールといった形容詞をどのタバコにもつけるようにしました。「軽い、穏やか、クール」というのはかつてのタバコの味わいの基準からするとむしろマイナスイメージです。ところが、時代の変化がこうしたマイナスイメージのキーワードをプラスイメージで使う方向にタバコ産業を誘いました。

　繰り返しますが、タバコ産業の本質はある意味で「イメージ産業」です。香りや使っている葉の違いが多少あるだけで、紙巻タバコの各ブランドにさほどの差はありません。そのほとんどない差を非常に大きな差にみせかけてより多くのより多様な消費者を獲得する──。それがタバコ産業の広告マーケティングの基本なのです。

　現在の米国のタバコ政策に関してですが、カリフォルニア大学の経済学者A・グレーザー教授とノースウエスタン大学の政治学者L・S・ローゼンバーグ教授による学際的共著『成功する政府、失敗する政府』（岩波書店）には、米国の公共政策の成功例として喫煙率の減少があげられています。1人あたりのタバコの消費量が、1970年から1990年の20年間に、27％も減少しているのです。これは英国に次ぐ減少ですが、第1章に紹介したように米国の公衆衛生学者たちはこれでも不満なようです。これに対して日本、フランス、中国は、タバコ消費量が増加した失敗例として挙げられています。

　1994年にアメリカ公衆衛生局長官は、タバコの広告に関する議論について、次のように述べています。

>　これまでの研究で以下のことが示唆されている。タバコ促進の広告が普及した結果、2つの効果が見られる。実際の喫煙者数よりも多くの人々が喫煙しているような認識を植えつけ、自己イメージと理想の自己イメージの乖離をもたらす──言い換えると、タバコを吸うことをかっこいいと思わせている。真の原因がどうあろうと、これらの2つの効果が喫煙を促進

して、多くの悪循環をもたらすきっかけとなっているのは事実である……。
　環境要因の中では、喫煙を始めたばかりの段階では仲間の影響が特に強いと思われる。タバコや煙のないタバコを最初に試すのは、仲間と一緒であることが大変多い。仲間のグループの存在が喫煙への期待を高めさせるきっかけを提供するのだ。親の喫煙からの影響は仲間からのものより小さいようである。
　実際の環境よりも、社会的な環境をどのように認識するかが、若者の行動により強い影響を与えているようである。たとえば、若者は、タバコを吸う若者や大人の数を実際よりも多く認識していることが多い。過大認識している人ほど、より正しい認識を持っている人よりも喫煙しやすい。同様に、タバコが容易に手に入ると考え、実際に入手可能な人ほど、タバコを手に入れるのに困難を感じている人よりも喫煙を始めやすい。
　　　　　　　　　　　　　　（『成功する政府、失敗する政府』より）

　日本でもタバコに対する公共政策、とりわけタバコ広告に関する問題に対して、早急に本格的に取り組む必要があります。喫煙は、とりわけその入り口＝若年層において、広告を代表とする周囲の"環境"が与える影響が非常に大きいからです。

第5章
新しいタバコの開発
添加物／低タール／"安全"なタバコ

「我々がタバコの安全性を保証などしなくても、喫煙者自身が『このタバコは安全である』、または『害が少ない』と納得するような製品を開発すべきである。タバコの箱にニコチンやタールの含有量を低く記載すれば、喫煙者は、含有量の高いタバコに比べて（ニコチンやタールなどの）肺に吸入する有害物が少なくなると考えるのではないだろうか？」

1977年、BATはこうした低タールタバコをどう販売するか腐心していました。なぜなら、低タールタバコが、実は健康上のメリットなどないにもかかわらず、「健康に害がない」という誤った安心感をひとびとに与えることを知っていたからです。[*1]

概　要

　1950年代終わり頃から60年代、70年代を通じてタバコ産業の科学者は安全なタバコの開発に取り組んでいました。タバコに含まれるタールの含有量を減らすことで健康障害を防ぎ、その一方で、ニコチン含有量は同じくらいか高めに維持して喫煙者をつなぎとめておこうという計画でした。科学者はこうした困難と格闘しました。喫煙者の健康のためにはニコチンの含有量を減らさねばなりません。しかし、ニコチン含有量が減ると喫煙者はタバコを吸わなくなるのです。

　1970年代後半、科学者たちは喫煙者が禁煙したくなったとき、速やかに禁煙できるようにタバコに含まれるニコチン含有量を減らすべきだと考えました。しかし、それは実現しませんでした。

　1960年代中頃、タバコによる健康被害に対する消費者の不安があまりにも大きくなり、タバコ産業は他のニコチン吸入装置の開発を始めます。タバコ産業のコンサルタントと科学者は、「『安全なタバコ』を開発することは不可能である」と警告しました。なぜなら、タバコは燃焼に伴いどうしても発癌性物質が生じるからです。1970年代、科学者たちの前にはさまざまな問題が山積みされていたにもかかわらず、何よりも「安全なタバコ」を開発することが会社の将来のために重要であると信じていました。

　1960年代、フィリップモリスはタバコにアンモニアを添加するようになりました。アンモニアはニコチンの遊離を促進し、喫煙者はより速やかにニコチンを吸収できるようになります。現在、アンモニア技術はタバコ産業で広く利用されています。

　1960年代後半、タバコ産業は有害性を減らした「安全を保証するタバコ」ではなく、「健康志向のタバコ」を販売しました。このタバ

コは喫煙者を安心させましたが、実際にはまったくメリットはありませんでした。

1970年代初め、タバコ産業の間では「喫煙者は一定量のニコチンを得るために喫煙パターンを調整しているのではないか」とささやかれていました。低タールタバコを吸う喫煙者は、ニコチンを補うために喫煙本数が増えます。しかし、この事実は機械による測定には反映されないのです。

1970年代末には、タバコ産業の研究者は次のように考えていました。「低タールタバコに切り替えたとしても、タバコによる健康被害のリスクが増えることはあっても減少することはないでしょう」

1970年代中頃、米国のリゲット社は健康への有害性を減らしたタバコを開発しました。しかし、研究結果と製品の発表は弁護士に一任されることになり、結果的には有害性を減らした「安全なタバコ」が発売されることはありませんでした。

1980年代初め、タバコ産業の研究者たちは（弁護士から）、「安全なタバコ」を販売することは不可能であると言われました。なぜなら、「安全なタバコ」を販売すれば従来のタバコが有害であることを認めることになるからです。

1980年代から1990年代初頭にかけて、ブラウン・アンド・ウィリアムソンは遺伝子工学を用いてタバコの葉に含まれるニコチン含有量を2倍にする研究を始めました。

1990年代、タバコ産業はタバコに含まれるニコチン量を操作していることを、繰り返し否定しました。

重要な事実

　タバコに含まれる乾燥した有機物を燃焼する際に生じる有害化学物質は、発生を防ぐことも取り除くことも不可能です。喫煙者が燃焼に伴う煙を吸う限り、安全なタバコの開発は難しいでしょう。

　今日発売されている低タールタバコは、従来のタバコと比較すると表示されているタール含有量が非常に少なくなっています。しかし、健康上のメリットはありません。

　喫煙習慣とは、喫煙者がニコチンを渇望し、血中ニコチン濃度を満足できる濃度に維持しようとするものです。タールおよびニコチン含有量が少ない低タールタバコを吸ったとしても、結局、喫煙者は必要量のニコチンを求めます。喫煙者は必要なニコチン量を吸入するために、より多くのタールを吸入することになるわけです。つまり、喫煙者は低タールタバコにだまされているのです。この効果は「補償（compensation）」と呼ばれ多くの科学論文に記載されており、タバコ産業では20年以上も昔から広く知られていました。【※2】【※3】

　タバコにアンモニア等のアルカリを添加することによりニコチンの遊離が促進され、体内へのニコチン吸収率が高まります。その結果、ニコチンの麻薬としての作用が増強され、ニコチンに対する依存度も高まるのです。

　英国ではタバコに加える添加物として約600種類の物質が許可されており、その大部分は食品添加物としても承認されています。しかし、タバコが燃焼し体内に吸入される過程で、これらの添加物がどのような物質を生成するのかという研究はなされていません。

タバコ産業が語った真実

1950年代中期～後期

　この頃はまだ、科学者も弁護士もタバコの害に対して楽観的でした。リゲット社の科学者は次のような見解を示しています。

　「タバコの煙に含まれる発癌性物質を取り除くか減少させることができれば、タバコ産業は大きく前進することでしょう」
　　　　　　　　　　　　　　　　　　　　（リゲット　1954年）【※4】

　ヒル・アンド・ノールトンの文書には、タバコ産業の弁護士の発言が引用されていました。

　「みなさん！　もし我が社が、世界初の発癌性のないタバコを販売することができたら素晴らしいと思いませんか？　競争に勝つために我々にできるのは、発癌性のないタバコを開発することです」【※5】

　当時は最初にタールを減らした者が、市場を独占することになると考えられていました。フィリップモリスの科学者は、タバコによる健康問題を次のように認めています。

　「タバコを数多く吸うと肺癌になるという科学的証拠は、すでにそろいつつある。荒唐無稽な話に聞こえるかもしれないが、タバコの煙をなにか人工的な煙と置き換える方法はないものだろうか……。世界で最初にタールとニコチンを減らした会社が市場を独占するこ

とは間違いない」　　　　　　　（フィリップモリス　1958年）【※6】

　しかし、タバコのニコチン量を減らすことは大問題です。開発の段階からニコチンはタバコに不可欠であり、ニコチンの存在を前提とした商品設計になっていたのです。これについて、BATの科学者は次のような内容を書き残しています。

　「タバコのニコチン量を減らせば、喫煙者の多くのニコチン依存症に終止符を打つことになり、我々は喫煙者の大部分を失うだろう。その上、新しい喫煙者の獲得も困難になるはずだ」
　　　　　　　　　　　　　　　　　　　　（BAT　1959年）【※7】

1960年代初期

　科学者たちはタバコに含まれる発癌性物質の削減について検討するようになります。フィリップモリスの科学者たちはこんなふうに考えていました。

　「タバコの煙には、ありとあらゆる種類の発癌性物質が含まれている。だから、医学的に容認できるタバコを開発するためには、さまざまな方面から研究を行わなければならず、少なくとも7年から10年はかかるだろう」　　　　（フィリップモリス　1961年）【※8】

　そして、タバコ産業はニコチン量の操作を始めるようになりました。タバコ産業が、タバコはドラッグを体内に伝達するための道具だと考えていたことは明らかです。つまり、タバコはニコチンを体

第5章　新しいタバコの開発

内に吸入するようにデザインされていたわけです。ブラウン・アンド・ウィリアムソンのタバコのニコチン量について、次のように話されています。

> 「紙巻タバコは適当に作られているわけではない。我々はニコチンや糖の値をきわめて正確に管理し、どんなレベルの要求にもきちんと対応した調整ができるのだ」　　　　　　　（1963年）【*9】

「安全なタバコ」の開発とそのPR戦略には、矛盾がありました。それは、「安全なタバコ」を宣伝すれば、今まで「害はない」としてきた従来のタバコの有害性を認めることになる、ということです。

> 「タバコの有害性が初めて問題になったとき、我々はタバコの有害性を否定するPR活動をしなければならなかった。今まで一貫してタバコの有害性を否定し続ける方針をとってきたため、我々にはもはや逃げ場がない。つまり、もし『安全なタバコ』の開発に成功しても、急に方針を変えて『安全なタバコ』を開発したなどと宣伝することはできないのである」　　　　　　（BAT　1962年）【*10】

そこで、タバコ産業は新たなニコチン製剤を研究します。BATは、ニコチン水溶液のエアゾールを利用したニコチン製剤の研究「プロジェクト・エーリエル（空気の精）」をはじめました。

> 「『エーリエル』の開発目的とは、タバコと同様の生理学的な反応を得ることです。そのためにはタバコの煙や抽出物に含まれるニコチンの化学的な作用に、『エーリエル』の作用を近づけることが必要です」　　　　　　　　　　　　　　　　　　（BAT　1964年）【*11】

1960年代中期～後期

「ニコチン量は最大に、タール量は最小に」という方針を打ち出した会社も出てきました。ブラウン・アンド・ウィリアムソンのR＆D（研究開発）部門の幹部は、英国のタバコ会社の研究所を視察して、次のようなコメントを残しています。

> 「どうやら、タールを最小限に減らしてニコチンを最大限に増やす方法を研究しているようだ」　　　　　（BAT　1965年）【※12】

今度は、ニコチンの効果を強めるためにアンモニアを添加します。アルカリ度を高めるとニコチンの遊離が促進されます。つまり、アンモニアを添加することでタバコに含まれるニコチンの効果を増強できるわけです。そこで、R. J. レイノルズとフィリップモリスは、アンモニアを添加した紙をタバコに使用し始めました。

> 「1965年から1974年の間、周期的にアンモニアを添加した紙を使用してみた。すると、その使用に伴いフィリップモリスが生産するタバコの販売量は劇的に増加したのである」
> 　　　　　　　　　　　（R. J. レイノルズ　年代無記入）【※13】

BATのR＆D部門は、pH（水素イオン指数）の重要性に気づき、次のような見解を示しました。

> 「抽出されるニコチン量は、主にタバコの煙のpHとニコチン含有量によって決まります」【※14】

ここで問題となるのは、「安全なタバコなど絶対にありえない」ということです。BATのコンサルタントは、完全に安全なタバコはありえないと、次のように結論を下しています。

> 「なぜなら、さまざまな有機物質が熱分解する過程で、明らかに発癌性物質が生じます。このため、完全に安全なタバコを開発することは不可能でしょう」
> 　　　　　　　（F. ロー、M. パイク　1965年あるいは1966年）【*15】

　低タールタバコを機械測定にかけると、通常よりも低いタール量が表示されます。しかしその一方で、喫煙者は通常のタバコよりも大量のタールを吸入することになるわけです。カナディアンタバコは、機械測定された低タールタバコの数値についてこんな説明をしています。

> 「機械と人間では、タバコの煙の吸入頻度や吸入速度、総吸入量が違います。このため、あらゆるタバコで機械による測定量は、実際に喫煙者が吸うタールの量とはかなり異なっています」
> 　　　　　　　　　　　　　　　　　　　　　　　（1969年）【*16】

　「表向きの安全の保障」と「実際の健康上の利点」は、区別されるべき性質です。BATのグリーン博士は「害がないように見えるタバコ」と「実際に害が少ないタバコ」の違いについて解説しています。

> 「市場でよく売れることと、人体への害が少ないということは相反することである。次の2種類の製品は、はっきりと区別されるべきなのだ。すなわち、『害がないように見えるタバコ』（は経営維持に

欠かせず)、『実際に害が少ないタバコ』は健康志向の消費者のために、選択肢として市場に残しておくべきである」

(S. グリーン　1968年)【※17】

1970年代初期～中期

この段階に至っても、安全なタバコは開発されそうにありません。

「より"安全"なタバコはタバコ産業の将来のために重要です」
(BAT　1971年)【※18】

タバコ産業はニコチンの効力を高めていきます。リゲットの研究員は、pHを調節しながら次のように話しています。

「ニコチンの量を減らす一方で、ニコチンの効力を高めることが最終的な目標です」　　　　　　　(リゲット　1972年)【※19】

タールの量を減らし、"タバコは健康に優しい"という安心感を与えます。

「タバコの開発者たちは、タールとニコチン含有量が少ない製品を開発しようとした。その目的は、『従来の製品と比べてより健康に優しいタバコである』と消費者を安心させることにあった」
(BAT　1971年)【※20】

第5章　新しいタバコの開発

　今度は、政府に健康問題を取り上げさせます。BATの内部文書「タバコと健康問題」には次のように書かれていました。

> 「タバコ産業自身は、タールとニコチンの量をタバコの箱に表示して『ある特定のタバコは比較的害が少ない』などと決して言うべきではありません。タールとニコチンの量についてなんらかのコメントをするならば、それは政府に言わせるべきなのです」
> 　　　　　　　　　　　　　　　　　　　　（BAT　1970年）【※21】

「よく売れるタバコ」と「安全に見えるタバコ」は相関関係にあるようです。

> 「経営陣が研究開発部門に期待するのは、よく売れる低タール・低ニコチンタバコを開発することである。健康なひとびとは低タール・低ニコチンタバコですら、体によくないのではないかと疑っているようではあるが、そのタバコが本当に安全かどうかは問題ではない。健康と喫煙の関係に対する喫煙者の意識を調査した結果、成分を調整したタバコの需要が非常に大きくなっているのだ。私にとっては"不本意"ながら、つまりはこれが安全なタバコのコンセプトなのである」
> 　　　　　　　　　　　　　　　　　　　　（BAT　1971年）【※22】

1970年代中期〜後期

タバコの「Light」は「少ない」という意味ではありませんでした。

> 「マルボロ・ライトは、従来のマルボロほど煙がたたない。しかし、

実際に85人のマルボロ喫煙者を調査した結果、マルボロ・ライトでもタバコの煙の吸入量はまったく減少しなかったのである」

(フィリップモリス　1975年)【※23】

ニコチンの量を減らすと、喫煙者が禁煙をしてしまいます。

「ニコチン含有量が低いタバコの流行は、タバコ産業にとって危険なことである。ニコチンの量が少なくなれば、喫煙者は禁煙するようになるだろう。もしニコチンの量が、喫煙者が満足できる量を下回るようになれば、喫煙者は金をつぎ込んで喫煙にふけってきたことに対して、直ちに疑問をいだくようになるはずだ」

(BAT　1977年)【※24】

タバコ産業は、ほんの少しpH量を操作しているだけですが……。

「pHの値が上昇するにつれて、ニコチンの化学的形態が変化する。そして、ニコチンは体内に吸収されやすくなり、喫煙者に即効で"効果"を与えるのである」　　(J.マッケンジー　1976年)【※25】

喫煙者に"安心感"をもたらすことも大切です。BATのマーケティング報告書にはこんなふうに書かれていました。

「とにかく、タバコや喫煙習慣は無害だと喫煙者を安心させることが大切だ。そのためには、たとえば低タールタバコであると宣伝したり、あるいは低タールであると認識させたり、マイルドな印象を与えるなど、いろいろな手段が考えられる」

(P.ショート　1977年)【※26】

第5章 新しいタバコの開発

　フィルター付きタバコはインチキでした。ブラウン・アンド・ウィリアムソンの弁護士のコメントです。

> 「フィルター付きタバコを吸う喫煙者のほとんどが、従来の両切りタバコ（フィルターがないタバコ）に比べて同程度か、あるいはそれ以上の量のニコチンとタールを摂取している。しかし、喫煙者はタバコの有害性を減らそうとして従来のタバコをやめ、フィルター付きタバコを吸っているのである」　（E. ペプルズ　1976年）【*27】

　そして、低タールについてタバコ産業はひとびとにウソをつきます。タバコ産業のある研究者は、次のように結論しました。

> 「従来のタバコをやめて低タールタバコを吸い始めたとしても、健康への害が増すばかりで、減少することはない」
> 　　　　　　　　　　　　　　　　　　　（P. リー　1979年）【*28】

　それは倫理に反しませんか？　リゲット社の科学者はこんな疑問を抱きました。

> 「たとえ安全な方法を模索するとしても、依存性がある麻薬のような製品を開発することは倫理に反しませんか？　たとえ倫理にかなっていたとしても、"麻薬患者"の数が増えるだけではないでしょうか？」
> 　　　　　　　　　　　　　　　　　　　（リゲット　1978年）【*29】

1980年代初期〜中期

低タールタバコの有害性に関する証拠が出てきます。

「『アメリカ公衆衛生』誌に掲載された研究では、喫煙者が低タールタバコの穴をふさいで喫煙すると、タバコの煙に含まれる有毒副産物の量が300％まで増加すると発表しました。つまり、喫煙者はニコチン摂取量をコントロールしようとして、むしろ低タールタバコから**多量のニコチンを摂取**するようになってしまうわけです」
（『アメリカ公衆衛生』(AJPH) 1980年）【*30】

フィリップモリスで「安全なタバコ」の開発に取り組んできた科学者は、安全なタバコの開発に反対し、テレビでこんなふうに話しています。

「弁護士たちは『**安全なタバコなど販売できるわけがない**』と言います。なぜなら、安全なタバコを販売すれば、従来のタバコは安全ではなかったと認めることになるからです。そうなれば、タバコ産業には**法的な責任**が生じます。こうしてこの計画は**中止されました**」　（チャンネル4 「ディスパッチーズ」より　1996年）【*31】

米国公衆衛生局長官は「**安全なタバコなど存在しません**」と結論を下し、こうしたタバコの開発は不可能だと判断しました。
（J. リッチモンド　1981年）【*32】

そこで、タバコ産業は低タールタバコをもっと魅力的なものにし

ていきます。

> 「ブラウン・アンド・ウィリアムソンは、公衆衛生学の専門家たちに喫煙を容認するコメントを出してもらい、超低タールタバコ（5mg以下）の認知度を高めるための計画をたてている。まずは、低タール論争に関わったことがない魅力的な科学者を見つけ、低タールタバコでは健康へのリスクが低くなることを強調するための研究をプロデュースするのだ」
> （ブラウン・アンド・ウィリアムソン 1982年）【※33】

もちろん、「低タールタバコはインチキだ」とする抗議への対策も必要です。

> 「補償喫煙（ニコチンやタールを補うために、タバコを深く、あるいは頻繁に吸うこと）は、特に扱いにくい問題である。とりわけ、消費者がこの問題に対して敏感に反応しているようだ。タール量が少なくなったため、喫煙者は補償喫煙を行うようになる。それにもかかわらず"低タール"と表示をすると、（タールの摂取量が少なくなるような）誤った印象を消費者に与えるのではないか、という抗議の声も聴こえてくる。タバコ産業は、こうした意見を打ち消せるようなデータを入手したいと考えているのである」
> （BAT 1983年）【※34】

こうして、タバコの品質操作を続けていきます。

> 「我々はタバコの品質を直接的にも間接的にも操作することができるのだ。……ニコチン、ニコチン塩、ニコチン誘導体などを添加し

たり、pHを操作してニコチンの吸収率を増減することすら可能だ」
（BAT　1984年）【*35】

1980年代中期〜後期

　BATは「安全なタバコ」を開発する計画を完全に中止しました。BATの会長パトリック・シーヒーは「安全なタバコ開発計画」について、次のように反論しています。

　「最優先課題として、『安全なタバコ』を開発する案は支持できない。なぜなら、発癌性があると指摘されている物質を削減もしくは除去することは、従来のタバコが『安全でない』と認めることになるからだ――。『安全なタバコ』の開発を試みるということは、従来のタバコが安全ではないということを受け入れることになる。これはタバコ産業がとるべき対応策ではない」　　　（BAT　1986年）【*36】

さまざまな種類のタバコを持ち出して、禁煙を妨害します。

　「禁煙を試みても、すぐに禁煙への希望を失うか、あるいは次の2種類のタバコを吸い続けるだけでしょう。低刺激タバコはその1つです。事実、禁煙を試みる人はそれとなく低タールタバコやメンソールタバコを吸いはじめます。安全なタバコも広く支持されるかもしれません。とにかく、（喫煙者に対して）社会的に禁煙するように圧力が強まることだけは避けるべきです」
（クリエイティブ・リサーチグループ　1986年）【*37】

第5章　新しいタバコの開発

1990年代

"低タール"という広告は、消費者に誤った印象を与えます。

> 「低タールタバコと超低タールタバコ（ULT）というのは本当の意味での低タールタバコではなく、誤った印象を与えているとする議論が、ここ何年間も続いている。ULTの広告は問題になりそうだ。低タールタバコの喫煙者は必要量のニコチンを求めてタバコの吸い方が変わり、結果的にはタールの吸入量が増加するのである」
> 　　　　　　　　　　　　　　　（R. J. レイノルズ　1990－91年）【*38】

タバコ産業はニコチン量のコントロールに成功しました。そこで、R. J. レイノルズの当面の目標とは……。

> 「タバコのニコチン含有量を操作する方法を開発するのだ。R. J. レイノルズの当面の目標は、タバコに含まれるニコチンの量を操作する技術を開発し、購入したニコチンを少しでも効率よく利用することである」
> 　　　　　　　　　　　　　　　（R. J. レイノルズ　1991年）【*39】

米国食品医薬品局（FDA）は、タバコ産業がニコチン含有量を操作しているという証拠を見つけました。

米国FDAのデヴィッド・ケスラー博士は「証拠は山のようにある」と話しています。つまり、タバコ産業がニコチン含有量を操作していることは明らかだというのです。【*40】

BATはタバコのニコチン含有量を操作していないと主張します。タバコ産業がニコチン含有量を操作しているという事実は、タバコ産業が最も恐れていた事態をもたらすことになります。FDAのような機関はタバコを麻薬として扱い、製造や販売のうえでさまざまな規制を講じると考えられるからです。そこで、BATはタバコのニコチン含有量の操作を否定します。

「タバコ産業がニコチンを増量することはありえません」
(BAT 1995年)【※41】

R. J. レイノルズのCEOもまた、否定し続けます。

「喫煙者をニコチン依存症にするために、タバコのニコチン含有量を増やすようなことは決してありません」
(R. J. レイノルズ 1998年)【※42】

BATは"軽いタバコ"も安全ではないと認めています。低タールタバコが販売されましたが、健康への影響が少ないとの明言はありませんでした。それでも、機械によって測定されたタールとニコチンの表示量は健康に優しいという誤った印象を与えます。

「我々は健康問題に注意を払い、"軽いタバコ"を開発した。しかし、この製品を『より安全なタバコ』として宣伝することはできない。なぜなら、より安全であるという科学的な証拠がないからである」
(BAT 1997年)【※43】

第5章　新しいタバコの開発　<解説>

　カリフォルニア大学が発行した『シガレット・ペーパーズ』というタバコ会社の内部文書をまとめた本には、次のようにあります。

「食品添加物と異なりタバコ製品の添加物は、合衆国政府の規制の対象ではありません。1980年代中頃からタバコ産業はタバコ製品の添加物のリストを厚生省に提出するよう要求されてきました。一方でタバコ産業は、厚生省に対しそのリストを公表しないよう圧力をかけました。さらにタバコ産業は、どの添加物がどの製品に使われているかを特定することも厚生省から要求されず、添加物がどの程度の量含まれているかという定量的な情報も提出しませんでした。タバコ産業は、タバコの巻紙や接着剤、フィルターの可塑剤などの添加物についても、一切公開しませんでした。1994年4月、世論に押されて主なタバコメーカーは添加物のリストを公表しました。そのリストには599種類の物質が掲載され、それぞれがいずれかのタバコに含まれているというものでした。1988年11月付けファイルメモの最初のページ（おそらくルーイスビルのブラウン・アンド・ウィリアムソン社法律事務所からのもの）には、タバコ製品に含まれる非タバコ成分に関するおよその分類が次のように示されていました：芳香剤類、砂糖類、潤滑剤類、皮類もしくは液状類の素材、殺虫剤類、除草剤類、防かび剤類、殺鼠剤類、病害虫駆除剤類、水性添加物類、機械の潤滑油類、タバコの生産中に接触したりタバコに残存したりするその他の化合物類。この分類によってタバコの中に入っている物質の範囲におよその見当をつけることができるものの、巻紙やフィルターについているものは含まれていません」

　どうやらタバコにはたくさんの添加物が入っているようですが、何が入っているのかいまだに特定されていないのです。
　『シガレット・ペーパーズ』には、タバコ産業が内部保管していたタバコの添加物のリストが掲載されています。そのうちの一部が前述のブラウン＆ウィリアムソン社法律事務所から漏れたと思われる

リストです。かつてタバコ産業は、企業秘密を理由にどんな添加物がタバコに含まれているか一切公表していませんでした。実際にこうして公になった添加物のリストを見ると、びっくりします。あまりにいろいろなものが混じっているのです。その一部を列挙してみましょう。

　病害虫駆除剤、ケモゾール（癌を減少させるといわれる物質）、フェロン（毒ガス分解物質だがオゾン層破壊のもとにもなるらしい）、オイノゲール（防腐剤）、ココア（食品）、クマリン（香味料、肝障害・発癌の危険性あり）、ディエチレン・グリコール、ベンジン、アセテート、褐鉄鉱、サフロール、二酸化チタン、ブチル・P・クレゾール、ゴム類、アセテート……。まだまだたくさんあります。リストの中には、「タバコ」そのものまでが掲載されていました。実はこのタバコ、R.J.レイノルズのブランド『リアル』です。この『リアル』の売りは「人口添加物ゼロ」でした。その「添加物ゼロ」のはずの『リアル』がリストにあがっているのは、なんたる皮肉でしょう。

　膨大な数の化学物質が含まれているタバコ製品ですが、喫煙者やその周りの人たちが実際に吸い込む煙の方はどうなのでしょうか？これは比較的低温での燃焼により、タバコの煙にはより多くの化学物質が混合されています。もちろんその中には、発癌物質も多数含まれています。その量は肺癌をはじめ多くの癌を発症させるのに充分な量です。"禁煙ドクター"として知られる山岡雅顕先生の『禁煙ドクターが教えるタバコのやめ方』（双葉社）によると、煙に含まれる化学物質は4000種類以上で、ガス化ニコチン、アセトアルデヒド、シアン化水素、アンモニア、アクロレイン、ホルムアルデヒド、ジメチルニトロサミン、ヒトラジン、ビニールクロライド、ダイオキシン、一酸化炭素などの有害成分も含まれています。一酸化炭素は

環境衛生基準許容量の2000倍です。喫煙者が息切れするのは当たり前といえましょう。日本のタバコ産業はもちろんこの事実について沈黙しています。

　日本でもさまざまな食品や薬品には成分表示、添加物表示が義務づけられているのに、タバコだけは成分表示、添加物表示から逃れています。しかし，たとえ成分表示がなくても、すでに煙にこれだけ有害物が含まれていることがわかり、しかも日常接する他の有害物質とは比べものにならないほど、癌などの健康障害が発生することが判明しています。にもかかわらず、喫煙者はニコチンの強力な依存性のゆえに、言い訳をしながらタバコを吸ってしまうのです。HIV感染の危険性が高いことを知っていても、依存性がある麻薬を中毒患者同士で注射してしまうひとびとと同様です。

　紙巻タバコの中に詰まっている構成物は、大きく4つに分かれます。タバコの葉の部分、葉脈の部分、茎の部分、そしてくずや廃棄物から作られた再構成タバコシートです。アメリカ公衆衛生学会の『ニコチンと公衆衛生』によりますと、カナダの紙巻タバコを1968年から1995年にかけて経年的に追った結果、主要原料であるタバコの葉の部分の割合が減っているのがわかりました。しかし逆に1970年代後半から、徐々にタバコの中のニコチン濃度は増加してきました。1970年頃はタールの害がニコチンの害より重視されていましたので、タールが少なくなっていったのです。当然、タバコから生じるタールも減ってゆきます。またこのような動向は、タバコの葉の使用量が減ることになりますので、経済的にも有利です。このようにタバコの中のニコチン濃度は、実際にいろいろと調整されていたことがうかがえます。

　第2章で紹介したように、ニコチンはタバコをずっと吸ってもらうために主要な役割を果たします。タバコからニコチンを除いてしま

うと、消費者はニコチン中毒症を維持できず、ひいてはタバコを吸ってくれなくなります。ニコチン量が多すぎてもタバコは吸えなくなりますが、少なくてもだめなのです。喫煙というニコチン注入方法が優れている点がここでもうかがえます。

　ところで紙巻タバコからニコチンを全て取り除くことは、実は可能です。前述の『ニコチンと公衆衛生』によると、フィリップモリスが「NEXT」という製品で試みました。9.3mgのタールを生じるものの、ニコチンは0.08mgです。最初はこのタバコは喫煙者に好まれたようですが、結局人気は獲得できませんでした。ニコチンが少なすぎたのです。タバコがNEXTのような製品ばかりになると、タバコ産業に不可欠なニコチン中毒者が生まれなくなってしまうので、タバコ産業自身が困るのです。ただしタールが多いので、NEXTを吸っても肺癌の恐怖から解放されることはありません。1979年、ワインダー博士は、「喫煙者の1％しか吸っていない『安全なタバコ』が喫煙者の90％が普段吸っている『害のあるタバコ』よりも健康にいいわけではない」と言い切りました。結局、ニコチンとタールが必ず含まれる以上、タバコはどのように設計しても「安全」にはなりようがないのです。

　日本のタバコにもよく含まれているアンモニアを使ったアンモニア・テクノロジーも本章に登場しました。アンモニア・テクノロジーとは、ニコチン総量を変化させずに、結合したニコチンを遊離ニコチンに転換し、ニコチンの作用を活性化させるテクノロジーです。ブラウン・アンド・ウィリアムソンがこの技術を使用しマニュアルも作っていたことを、ウィガンド博士が裁判所で証言しています。

　ところで、低タールタバコは、単に紙巻タバコに穴を開けてタール量を下げているにすぎないことは結構知られています。したがって低タールのシガレットを深々と吸うよりも、タールの多いシガレ

ットを短時間吸ったり、特殊な方法で吸ったりするほうが実はよほど健康的であることを示唆する実験もあります。

　前掲の『タバコ・ウォーズ』によれば、ペンシルベニア大学のリン・コズロウスキー博士は、喫煙者の多くは舌で湿らせて紙やフィルターの持つ小さな孔をふさぐこと、しかも自分で意図的にそうするということを示す調査を行いました。極端な例としては普通では0.8mgのタールのシガレットのプレイヤーズ・ウルトラ・マイルドが孔をふさぐと、28.5mgのタールを出すシガレットに変わってしまう例があげられています。

　2004年1月、「超低タールでもリスク変わらず──喫煙者の肺癌死亡率‐米国の22万人調査」と題した時事通信の記事が配信されました。

「低タールや超低タールのたばこの喫煙者が肺癌で死亡するリスクは、普通のたばこの喫煙者とほとんど変わらないことが、約22万人を対象とした米国がん協会などの調査でわかった。タール含有量の少ないたばこに切り替えても、吸う本数が増えたり、煙を吸い込む量が多くなるためだという。同様の研究成果はこれまでにもあったが、長期・大規模な疫学調査の結果は初めて。論文は10日付の英医学誌ブリティッシュ・メディカル・ジャーナルに発表される」

　以前からすでによく知られていましたが、やはり、自称「安全なタバコ」は、まったく安全ではなかったのです。1971年のBATの文書にあるように、「安全なタバコ」は、決して安全でなく、成分を調整した（ニコチン含有量を操作した）タバコにすぎなかったのでした。

第6章
受動喫煙の恐怖

「受動喫煙が非喫煙者の健康に有害であるという主張は、公衆の場に禁煙区域を設けるべきであるという主張と同様に不合理な話だ。社会的にかかるコストの観点からみても、強く反対すべきである」

　1982年、BATは受動喫煙問題を脅威だと感じていました。タバコ産業は、「環境タバコ煙」（ETS＝Environmental Tobacco Smoke）という言葉で受動喫煙を表現し、問題に対処していました。

概　要

　1970年代初め、タバコ産業は、受動喫煙問題が大きな問題に発展すると認識していました。

　1970年代終わり、タバコ産業は喫煙者の権利を擁護する協会を設置し、職場や公共の場での規制に反対する団体を組織し、「喫煙の自由を支持する」と主張しました。しかし、こうした団体は実はタバコ産業から委託運営されていたのです。喫煙者の権利団体とタバコ産業の間にも喫煙／禁煙、ニコチン依存などあらゆる面で食い違いはありましたが、団体側はタバコ産業から支払われる報酬に満足して動いていたのが実情でした。

　1970年代終わり、タバコ産業の研究者はタバコの煙の中に有害成分を発見しました。表向きにはタバコの煙の有害性を否定しながら、内部では副流煙（タバコの燃焼している部分から出る煙）に含まれる有害成分の発生や発生量を抑えようと試みたのです。そして、1990年代終わり、タバコ産業は副流煙が少ない製品を販売し始めました。タバコ産業が講じた健康問題対策とは、大衆をあざむくことだったわけです。かくして、受動喫煙の有害性について論争が巻き起こることになりました。

　1980年代初め、受動喫煙が非喫煙者の健康を脅かし、肺癌になる可能性を増加させる膨大な疫学的事実が明らかになりました。

　1980年代終わり、ヨーロッパでは、フィリップモリスと弁護士が陰謀を企てます。受動喫煙問題を否定する情報操作を行うために科学者を募集しました。

　1990年代初め、屋内空気環境を研究する財団を設置し、受動喫煙問題を混乱させる論文・書籍の発表や研究報告を行いました。そして、シック・ビル症候群の危険性について誤った論争を演出したのです。

第6章　受動喫煙の恐怖

重要な事実

　受動喫煙は肺癌の原因になります。長期間にわたり受動喫煙にさらされると、肺癌にかかる危険性が20〜30％高まります。英国では年間数百人ものひとびとが、受動喫煙が原因で肺癌で死亡したとされています。【※1】

　喫煙者と暮らす非喫煙者の家族は心疾患の危険性が約23％増加します。【※2】

　親の喫煙が原因で入院した5歳未満の乳幼児は、年間1万7000人にのぼります。【※3】

　母親の喫煙は、乳幼児突然死症候群（SIDS）の危険性を2倍にします。【※4】

　受動喫煙は、子供の喘息、中耳炎、気管支炎、肺炎等の危険因子になります。成人の場合、受動喫煙は、肺癌に加えて、心疾患、鼻の癌と関係があり、嚢胞性肺線維症、肺機能障害、子宮頸癌等を悪化させます。【※5】

タバコ産業が語った真実

1970年代初期〜中期

　ブラウン・アンド・ウィリアムソンの弁護士は、受動喫煙問題がタバコ産業にもたらす影響に脅威を感じていました。

　「反喫煙団体は、喫煙は非喫煙者の健康に影響を及ぼすという問題定義を行い、メディアを煽っている。この傾向は1970年から顕著になってきた。受動喫煙問題には医学的な根拠がない。しかし、彼らの本当の目的は、喫煙が容認されている公共の場を禁煙にし、喫煙を社会的に受け入れられないものへと変えていくことにある」
　　　　　　　　　　　　（ブラウン・アンド・ウィリアムソン　1973年）【※6】

1970年代中期〜後期

　タバコ産業が「喫煙者の権利擁護キャンペーン」で反タバコ運動に対抗する中、R. J. レイノルズの会長は、喫煙キャンペーンの提案をしました。

　「R. J. レイノルズは日増しに増大する反タバコ運動に対し、対抗策を検討しています。それは、『喫煙者の権利擁護キャンペーン』です。まずは、公に喫煙問題に関する問題提起を行います。最近の反タバコ運動はタバコ業界に回復不能な損害を与えようとしている、という内容です」　　　　　（『タバコ・リポーター』　1976年）【※7】

第6章 受動喫煙の恐怖

　BATの科学者はコーネル大学のカール・ベッカーと共に、アレルギー反応を引き起こす糖タンパク質がタバコの煙から発見されたという実験を追試しました。そして、科学者はタバコの有害性を指摘する報告をしています。

　　「ベッカーが発見した糖タンパク質は、副流煙と主流煙の両方に含まれることが確認されました」　　　（J.エスターレ　1977年）【※8】

さらに、BATの科学者はこんなふうに強調しました。

　　「タバコ煙にはニトロソアミンが含まれており、その量は食品に含まれるものより多いことがわかりました。ニトロソアミンは、主に副流煙に含まれています。多くの専門家は受動喫煙には直接的な危険がないと言っていましたが、実際には危険であることが証明されました」　　　　　　　　　　　　　　　（S.グリーン　1978年）【※9】

　それにもかかわらず、タバコ産業は、タバコに危険性はなく「煙が周囲の迷惑になるだけ」と主張します。たとえば、BATはこうコメントしています。

　　「ETS（環境タバコ煙）の問題は、過度に誇張されていると考えています。問題は、受動喫煙が健康障害の原因となるということよりもむしろ、煙が周囲の迷惑になるということでしょう」
　　　　　　　　　　　　　　　　　　　　　（BAT　1977年）【※10】

　かくして、圧力団体が設立されました。

ブラウン・アンド・ウィリアムソンと米国の大手タバコ会社は『カリフォルニアの常識』という名の圧力団体を組織し、「カリフォルニア・クリーン・インドア・エア・アクト　1978」という屋内空気環境規制法案を廃案に持ち込みました。

（E. ペプルズ　1978－79年）【※11】

　タバコ産業を脅かす受動喫煙問題を否定するためには、医学的根拠が必要になります。そこでローパー・オーガニゼーションは、米国タバコ協会のために調査を行いました。

> 「喫煙者がタバコの煙を吸うことは、その人自身の問題です。しかし、喫煙が非喫煙者にも影響を及ぼすのであれば、話は違ってきます。これは、タバコ産業が未だ経験したことがない、大きな問題に発展する可能性があります。受動喫煙問題に対する戦略、長期的な対応策として、受動喫煙は安全であるという明らかに信用できる証拠を作り、大々的に宣伝することが必要です」

（1978年）【※12】

1980年代初期～中期

　受動喫煙が有害であるという充分な証拠がありました。サイエンス雑誌に掲載された研究者らのコメントによると……。

> 「ETS（環境タバコ煙）は非喫煙者の健康にも重大な危険を及ぼす。この危険は自由意志に反するものであり、大気汚染と同様に注意を

払うべき問題である」　（J. リペイス、A. ロウリー　1980年）【*13】

『ブリティッシュ・メディカル・ジャーナル』（BMJ）誌は、平山雄氏らによる疫学研究を掲載しました。その中で平山氏らは「非喫煙者の女性が喫煙者と結婚すると、非喫煙者と結婚した場合に比べて肺癌になりやすい」と結論づけています。【*14】

ブラウン・アンド・ウィリアムソンは内部で平山氏の研究を認め、同社の相談役は平山氏の研究についてこう書き残しています。

「タバコ産業はドイツとイギリスの科学者に費用を支払って再調査を行いました。その結果……『平山は優れた科学者であり、非喫煙者の妻に関する研究は正しいと考えられます』」
　　　　　　　　　　　　　　　　　（J. ウェルズ　1981年）【*15】

しかし、タバコ産業はこの研究結果に強く反論しなければなりません。

「受動喫煙が非喫煙者の健康に有害であるという主張には、断固として反論しなければならない。公衆の場に禁煙スペースを設ける不合理な要求など、社会的に喫煙のために割くコストと同様に、強く反対すべきである」　　　　　　　　　　（BAT　1982年）【*16】

こうしてタバコ産業は副流煙を減らす研究に着手します。

「BATの戦略は副流煙や匂い、刺激を減らしたタバコを開発することです。先手を打って研究を行い、受動喫煙問題を論破しましょう」
　　　　　　　　　　　　　　　　　（W. アーヴィン　1983年）【*17】

1980年代中期～後期

　副流煙に関してさまざまな科学的証拠が蓄積されていきます。米国の公衆衛生局長官エヴェレット・クープ博士は、次のような内容の報告書を提出しました。

　　「ETS（環境タバコ煙）は非喫煙者の肺癌発生の要因となっている」
　　　　　　　　　　　　　　　　　　　　　　（BAT　1986年）【*18】

　1988年、英国の政府諮問委員会は受動喫煙が非喫煙者の肺癌発生率を10～30％増加させると発表しました。

　　　　　　　　　　　　　　　　　　　　　　　　（1988年）【*19】

　BATは、こうした発表内容に反論するために科学的根拠を集めていきます。

　　「タバコを社会的に容認させるためにも受動喫煙問題は重要である。我々が最初になすべきは、受動喫煙は疫学的にも危険性が低いと主張することだ。受動喫煙の害は未解明であると主張する専門家もいる。我々は社外の社会的にも評判がよいこの手の専門家たちが発言できる機会を与えてやるべきである」
　　　　　　　　　　　　　　　　　　　　　　（BAT　1986年）【*20】

　そして、積極的な「喫煙権保護策」を提案するようになります。BATの話し合いの内容は次のようなものでした。

　　「喫煙者の権利を保護するためには、より直接的な広報活動や政治

的なキャンペーンが必要である」　　　　　（BAT　1989年）【※21】

　フィリップモリスの弁護士と米国タバコ協会は、受動喫煙を防止するための規制に対抗するため、「ヨーロピアン・コンサルタント・プログラム」というプロジェクトを立ち上げます。本来の目的は、フィリップモリス側で働いてくれる科学者や白衣の研究職員を募集し、彼らを使って喫煙者の権利を守り、受動喫煙は安全であると喫煙者に安心感を抱かせるように仕向けることにあります。プロジェクトのコードネームは「ホワイトコート」（白衣）とし、その最終目標は次のとおりでした。

　「タバコ規制に抵抗し、巻き返し、堂々と喫煙する権利を取り戻そう。我々がすべきことは、ETS（環境タバコ煙）が有害であるという、科学的で誤った定説を覆すことである。喫煙が社会的に受け入れられるようにしなさい」　　　　　（J. ラップ　1988年）【※22】

　BATの戦略調査の内容を見ると、シック・ビル症候群を利用してタバコの害を隠蔽しようとしていたことがわかります。

　「フィリップモリス や R. J. レイノルズ、そしてタバコ協会など米国タバコ産業は資金を出し合い、ETS（環境タバコ煙）対策を開始した。ブラウン・アンド・ウィリアムソンはケンタッキー大学に資金提供を行い、ラドンや空調設備が環境衛生上危険であるというシック・ビル症候群に関する研究を助成してきた」
　　　　　　　　　　　　　　　　　　　　（BAT　1988年）【※23】

　さらに、ETSの否定を続けます。

「『公共の場における環境タバコ煙が非喫煙者の健康を危険にさらす』という主張を裏づける決定的な証拠はない」

(タバコ協会　1989年)【※24】

1990年代

ヨーロピアン・コンサルタント・プログラムには、大きな秘密が隠されていました。タバコ産業の内部文書より、その概要を説明します。

「我々は、『インドア・エア・インターナショナル』という世界唯一の組織をつくり、屋内空気環境問題に取り組んでいる。コンサルタントたちは「屋内空気環境連合」（ARIA＝Associates for Research in Indoor Air）と呼ばれるグループを組織している。そのうちの1人は、タバコ問題に大きな影響力を持つBMJ誌の編集者であり、ETS（環境タバコ煙）に関する数々の調査や論説、コメントを雑誌に掲載し続けている。また、あるコンサルタントは下院にも随時アドバイスを行っている人物である」

(コヴィントン・アンド・バーリング法律事務所　1990年)【※25】

あらゆる証拠が蓄積されていく中で、米国環境庁（EPA）は、受動喫煙の煙がAクラスの発癌性物質であると結論します。そして、受動喫煙は年間3000人にも上る非喫煙者の肺癌の原因となっており、さらに、18ヵ月未満の乳幼児では、受動喫煙が年間30万件もの呼吸器疾患を引き起こしていると推定しました。

(『タバコ・コントロール』 1993年)【※26】

「SCOTH」(The Report of the Scientific Committee on Tobacco and Health ＝タバコと健康に関する科学的報告書)が公表されました。

> 「受動喫煙は肺癌の原因となり、小児の呼吸器疾患の原因にもなります。受動喫煙は虚血性心疾患や乳幼児突然死症候群(SIDS)、中耳炎、喘息発作の原因になるという証拠もあります」
>
> (1998年)【※27】

しかし、それもすべては選択の自由から生まれたものなのです。『タバコ・インターナショナル』誌の論説を見ると……。

> 「共産主義が失敗した理由は、自由がなかったことです。喫煙を選択するのは自由です。選択の自由があるからこそ、タバコが存在するのです」　　(『タバコ・インターナショナル』 1998年)【※28】

タバコ産業は、今度はクッキーを持ち出して作り話を展開します。フィリップモリスは「受動喫煙はクッキーやミルクを食するよりも危険が少ない」と主張する宣伝活動をヨーロッパで行いました。広告規準局は、それをフィリップモリスのタバコキャンペーンであるとして規制したのです。

> 「イギリスの消費者に受動喫煙の害を過少に印象づけるなど、誤解を与えている。その効果は、広告に書かれている内容の5倍もの値になると考えられる」　　(R. オーラム　1998年)【※29】

タバコ産業はWHOの未発表文書に関して内容の事実を曲げて伝え、ついには犯罪行為と非難されるようになりました。この状況を受けて、BATの研究所長クリス・プロクターはこんなコメントを残しています。

　「我々も、またほかの科学者も、公共の場で喫煙をすれば、非喫煙者には迷惑になることは認めます。しかし、環境タバコ煙が肺癌の危険を増加させるという科学的な証拠はないのです」
（『ザ・ガーディアン』 1998年）【*30】

　WHOはタバコ産業の主張を否定するため、「受動喫煙は肺癌の原因となる」という研究結果を発表しました　　（WHO　1998年）【*31】

　それでもなお、タバコ産業はタバコの害を否定し続けます。タバコ生産者協会のジョン・カーライルも、次のようにタバコの害を否定しました。

　「疫学的にも受動喫煙と肺癌の因果関係は証明されていません」
（『ザ・インデペンデント』 1998年）【*32】

第6章　受動喫煙の恐怖　　＜解説＞

　受動喫煙は次のような呼び方もされます。
「二次喫煙」、「間接喫煙」、「副流喫煙」、「環境タバコ煙」（たいていETSと略称される）などなど。
　タバコ産業は、早い時期から、喫煙者自身の健康が直接損なわれること以上に受動喫煙によって直接タバコを吸っていない周囲のひとびとの健康が損なわれる事態が重大視されることを恐れていました。受動喫煙の害が露わになれば、タバコ産業にとって一大事です。
　そのためタバコ産業では、受動喫煙が社会問題化しないよう、さまざまな手を打ちます。
　『リスキー・ビジネス』（ジョン・スタウバー、シェルドン・ランプトン、栗原百代訳、角川書店）には、タバコ産業が世界各国の業界コンサルタントを雇い、受動喫煙（間接喫煙）の問題が露見しないよう、さまざまな情報攪乱を行うさまが描写されています。その一部を引用してみましょう。

　「ヨーロッパのコンサルタントが来月リスボンで会議を開く。テーマは、地球温暖化における空気の質について。世界中から100人を超える科学者が集まってくる……中心議題はタバコではない。ポイントは、温暖化による大気汚染の問題を強調して、環境タバコ煙（ETS）問題など取るに足りないと思わせること。説得力を持たせるため、ある程度バランスを取ってETS問題も論じないといけないが、全体に望ましい方向にもっていく……毒物学フォーラムの大会は、7月にブダペストで開催。そこでコンサルタントがETSに関する会議をおこなう……コンサルタントには重要な科学会議には必ず出席するよう求めている。科学界や世論を動かすのに利用できそうな会議すべてに。通常の科学活動の一環として、ほかの会議にも自主

的に参加してもらっている」

　コンサルタントは会議に参加する以外にも、さまざまな仕事に携わった。マスコミ向けに説明をおこない、機内喫煙をよしとする乗務員の声を集め、ビデオを制作・上映し、特集ページに寄稿し、タバコの不正広告の裁判で証言した。

　「コンサルタントたちは室内の空気の質を問う、唯一の学術団体をつくりあげた」と前出の文書は誇っている。「近いうちに、ニューズレターを定期発行する予定。その中で、ETSをはじめ室内の空気の質の問題を、監督官庁、科学者、建設業者といった対象ごとにバランスをとって論じていく。ヨーロッパの大手出版社から、独自の科学誌を刊行する計画もある。こちらでも同じ問題を取り上げる」　　　　　　　　（『リスキー・ビジネス』より）

　以上の文章には、受動喫煙問題に対するタバコ産業の危機感が表れています。「コンサルタントたちは室内の空気の質を問う、唯一の学術団体をつくりあげた」と「社外秘文書」は自慢しています。1988年にタバコ産業が作り上げた学術団体、室内大気研究センター（CIAR = The Center for Indoor Air Research）は、受動喫煙問題に関する論文作成を支援し、支援を受けた論文はタバコ産業の立場で書かれ、受動喫煙の害を隠すためのタバコ産業側の根拠として利用されました。

　受動喫煙問題が表面化するまで、非喫煙者はさまざまな場所で、喫煙者の吐き出したタバコの煙を吸わざるを得ませんでした。かつての国鉄には禁煙車両などありませんでした。

　その昔、私が冬の北海道の国鉄急行列車に乗っていたときでした。窓を開けることができない車内には、タバコの煙が充満していました。私の前に坐っていた母親と子供は苦しそうに咳き込んでいるのに、周りの大人たちはそれに全く気づかずにタバコを吸って談笑していました。見るに見かねた私は、決意してタバコを吸っている人

たちに話しかけました。

「あの……タバコをちょっと……（控えてくれませんか）」。そうすると、その人たちは「あ、タバコね、どうぞどうぞ」と私に1本差し出してくれました。私が、タバコを控えてくれとお願いしているのが、タバコを1本くださいとお願いしているのと勘違いされたのです。これくらい受動喫煙の問題は深刻であり、かつまったく社会に受け止められていなかったのです。

受動喫煙問題にきっかけを与えたのは、ある日本人学者でした。本章（173ページ）にも登場する平山雄博士です。1981年、国立がんセンターの疫学者平山博士は、喫煙者の夫を持つ非喫煙者である配偶者（妻）は、夫が非喫煙者の場合に比べて肺癌の死亡率が約2倍になることを、英国医学雑誌『BMJ』で発表しました。

CIARが平山研究に対抗するために日本の2人の大学教授（東京女子医科大：香川順教授、帝京大：矢野榮二教授）からの要請に応じて多額の資金を出して研究をさせていたことも、タバコ会社の内部文書に基づいて英国医学雑誌『BMJ』で明らかにされました。2002年12月14日付、「How the tobacco industry responded to an influential study of the health effects of secondhand smoke（タバコ産業は、受動喫煙による健康影響に関する重要な研究に対して、いかに対応したか？）」という記事です。この論文を書いたのはタバコ会社の内部文書を保管してインターネット上で公開しているカリフォルニア大学サンフランシスコ校の研究者たちです（BMJ 2002；325：1413−1416）。

1980年代、重要な環境問題となっていった受動喫煙問題に対して、米国の環境保護局（EPA）が動きます。そして私（津田）は、1993年1月7日朝、新聞の報道で、EPAから受動喫煙による健康影響に関する報告書が出されたことを知りました。当時、私は大学で研究

生活を送っており、癌の疫学が主な研究課題でしたので、即座にEPAに手紙を書き、この報告書を手に入れて読み始めました。電話帳のように分厚い報告書は、全容を1ページにまとめた要約で始まっています。本文の中でも一部出てきましたが、改めて抜粋します。

> 利用でき得る科学的証拠に基づき、EPAは、合衆国において環境タバコ煙（訳注：受動喫煙の煙のことで略は「ETS」）が、公衆衛生上、重大で相当な影響を及ぼしていると結論づけた。

大人の場合
- ETSは肺癌の原因であり、毎年合衆国の非喫煙者において約3000人の肺癌死亡を引き起こしている。

子どもの場合
- ETS曝露は、気管支炎や肺炎のような下気道感染症のリスクの上昇と因果的に関連している。この報告書は18ヵ月までの乳幼児において毎年15万例から30万例の患者発生に寄与していると推定する。
- ETS曝露は、中耳の浸出液、上気道刺激の症候、そして肺機能の小さなしかし有意な機能低下の有病割合の増加と因果的に関連している。
- ETS曝露は、小児の喘息（ぜんそく）において、発作の増加や重症の頻発化と因果的に関連している。この報告書は、20万人から100万人の喘息の子どもたちが、ETSによって症状を悪化させていると推定している。
- ETS曝露は、それまでは症候を示していなかった子どもに新しい喘息症例を発生させるリスク要因である。

この時から、米国でもタバコ問題は、タバコを吸っている人だけの問題ではなくなりました。以来、受動喫煙は「A級発癌物質」に分類されました。

前掲の『リスキー・ビジネス』によると、タバコ産業はこれに対

して対抗策をとり、タバコ産業から700万ドル以上の研究助成金を受けているゲーリー・フーバー教授の主張を、フリップモリスから資金援助を受けている雑誌の編集者ジェイコブ・サラムに取り上げさせました。フーバー教授は、タバコ業界の弁護士からも1700万ドルの報酬を受け取り、肺気腫、喘息、気管支炎とタバコの因果関係に関する科学論文を収集し批判しました。弁護士たちは、フーバーへの送金にギリシャ語のコードネームがついた外国口座を用いたそうです。

1994年、タバコ産業はサラムの記事を使い5日連続で全面広告を出します。ニューヨーク・タイムズ、ワシントン・ポスト、ロサンゼルス・タイムズ、シカゴ・トリビューン、マイアミ・ヘラルド、ボストン・グローブ、ボルティモア・サンなどの新聞です。広告の上についた大見出しは「こんな話は信じられないかもしれませんが」で、受動喫煙に関する研究を批判したのです。こうすることにより、環境保護局の報告書より広告を読んだ人の数の方がはるかに上回ってしまうことになりました。

2002年6月、国際がん研究機関（IARC）は、「受動喫煙が人間への発癌性を有する」と認定しました。IARCがまとめた論文「IARCモノグラフ」は、国際的な専門家がさまざまな物質、混合物、曝露による人体への発癌性を評価した報告書です。1972年の調査開始以来、880以上の物質を評価してきました。各国の発癌分類も、IARCの発癌分類を参考にしています。

同モノグラフの中身に関しては、第8章の解説（242ページ）に引用しています。ご参照ください。

第7章
新興市場を狙え
アジア、アフリカ、旧東欧

「タバコ産業は自らが作り上げてきた巨大な怪物に餌を与え続ける方法を探さねばならない。そのためには、もはや発展途上国でタバコの販売量を増やすしか道はないのだ」[※1]

かつてタバコ産業で働いていたR. モレーリは、発展途上国の市場としての重要性についてこう語りました。

概　要

　西側諸国では喫煙率がピークに達し、下落の一途をたどるようになりました。そこでタバコ産業は、今度は未開拓市場で売り上げを伸ばそうと考えるようになります。特に、旧・東ヨーロッパ諸国やアジアを重要視し、ラテンアメリカやアフリカにも販路を拡大します。タバコ産業は中央・東ヨーロッパ諸国、ロシア等が国交を再開したのを契機にタバコ市場を拡大しました。米国のタバコ産業は政府の支援を引き出し、経済力にものをいわせ、経済制裁をちらつかせ、台湾や日本などのアジア諸国にタバコ市場を開放させました。こうしてタバコ産業は、女性の喫煙率が低い国々を狙ってタバコ市場を拡大していったのです。

　タバコ産業は中国にも進出しようと試みました。中国には約3億人もの喫煙者がいます。この国を手中に収めれば、タバコ産業にとって莫大な利益につながることは間違いありません。タバコ産業の経営陣は、中国市場は想像がつかないほど大きな利益を生み出すと考えました。さらに中国にタバコを密輸し続けているタバコ会社の存在を明らかにする証拠もあります。

　タバコ産業は広告自主規制に関して、先進国と発展途上国の間でダブルスタンダードを設けたため非難されました。広告の内容は、児童へのタバコ販売、女性への宣伝、西洋の魅力的な習慣としてタバコを印象づける、といったものでした。さらに、先進国と発展途上国では、タバコに含まれるタールやニコチンの量も異なりました。

重要な事実

　喫煙者が急激に増えたり、新たな規制が作られるといった特別な変化が起こらず現在のペースで子供たちがタバコを吸い始める状態が続けば、世界中に11億人いる喫煙者は2025年には16億4000万人に達すると見られています。

　現在の状況下での死亡者数の推移を下記に示します。喫煙者数は急増しており、タバコ関連疾患の潜伏期間が長いことを考慮すると、発展途上国では、将来タバコによる死亡が急増するでしょう。

	現在の死亡者数	2030年の死亡者数
先　進　国	200万人	300万人
発展途上国	100万人	700万人
総死亡者数	300万人	1000万人　注*1)

　発展途上国では男性に比べると女性の喫煙率が非常に低いため、やがてタバコ産業は女性をターゲットにするようになるはずです。現在、発展途上国での女性の喫煙率は8％ですが、2025年には20％にまで増加すると考えられています。

注*1)
表中の「現在の死亡者数」とは1995年の数字で"*World Health Organization, Tobacco or Health : A Global Status Report, 1997*"を引用していると考えますが、原文に引用元は記されていません。

タバコ産業が語った真実

　タバコ産業は、タバコ市場という怪物にエサを与え続けます。『マーケティング・ウィーク』誌の取材を受けた元タバコ会社社員は、次のようにコメントをしています。

> 「タバコ産業は自らが作り上げてきた巨大な怪物に餌を与え続ける方法を探さねばならない。もはや発展途上国でタバコの販売量を増やすしか道はないのだ」　　　　　（R. モレーリ　1991年）【*2】

　『タバコ・リポーター』誌は、発展途上国にこそタバコ産業の明るい未来がある、という見方を掲載しました。

> 「先進国での喫煙率は、20世紀末に向けて徐々に低下し続けるだろう。しかし、発展途上国では毎年3％ずつ喫煙率が増加する傾向にあり、タバコ産業の未来に明るい兆しが見える。世の中にタバコが満ち溢れるとまではいかないだろうが、それでもタバコ産業は成長し続けるだろう」　　　（『タバコ・リポーター』　1989年）【*3】

　タバコ産業はこう言い放ちます。

> 「みなさん、落胆する必要はありません。なぜならタバコ産業はこれからも利益を上げ続けられるからです」

> 「たとえ自由主義国におけるタバコ販売量が低下しているとしても、失望することはない。もっと世界的な視野で見れば、アジアやアフ

リカのように消費量が格段に伸びている国々も見られる。また、たとえばインドや中国、それからCOMECOM（訳注：経済相互援助会議。ソ連・東欧諸国の経済協力機構で、91年に解体）に属する国々は、新たなタバコの輸出先としてのマーケットが期待できるのだ。これらの国々には、ヨーロッパと同様、我々のマーケット・シェアを伸ばす大きなチャンスがある。これでタバコ産業はこれから先も一貫した利益が見込めるだろう。しかもさらに収益を拡大するチャンスすらあるのだ」 　　　　　　　　　　　　　　　（BAT　1990年）【*4】

　たとえ新たな販売ルートを探さねばならなくとも、タバコ産業にとってタバコは大切な収益源です。R. J. レイノルズ・ナビスコの会長スティーヴン・ゴールドストーンはこうコメントしています。

「国際市場において、タバコ・ビジネスはR. J. レイノルズ・ナビスコの収益源としてますます重要になり、将来にわたって収益を増大するための最も重要な役割を負うだろう」
　　　　　　　　　　　　　　　（『タバコ・リポーター』　1998年）【*5】

　タバコ産業は「アジアを手中に収めたい」と考えるようになりました。

「タバコ産業の経営陣は、『我々が何を望んでいるかわかっているか？』と問いかけた。その答えは……『我々は、アジアを手中に収めたいのだ』」 　　　　　　　　　　　（『不健康同盟』　1988年）【*6】

　タバコ産業は、アジアに入り込むためにあらゆる手段を講じます。

「米国政府は1985年から1988年にかけて、日本、台湾、および韓国で不平等なタバコ貿易に関する調査を行った。米国通商代表（USTR）はこれらの国々に米国への製品輸出規制をちらつかせ、米国のタバコ産業に対する貿易上の障壁を取り除くように圧力を加えたのだ。しかし、他の米国産農産物については特に申し入れもなく、三国は米国の要求を受け入れたのである」

（G. コナリー　1989年）【*7】

　台湾と日本が米国のタバコ産業に市場を開放したところ、未成年者の喫煙率も上昇しました。台湾と日本は米国の圧力に屈し、国内市場を米国をはじめ海外のタバコ会社に開放したのです。市場が開放される2年前の1984年、台湾の首都台北での喫煙率は男子26％、女子15％でした。しかし、1990年には男子の48％、女子の20％が喫煙するようになりました。東京では1986年から1991年の間に女子の喫煙率は10％から23％へと増加しました。　　　（1993年）【*8】

　もし喫煙者が増えるとどうなるか……タバコ産業にモラルを説いたところで聞く耳を持つわけもなく、ただ株主を喜ばせるだけでしょう。ロスマンズ社の広報担当兼輸出担当役員は、喫煙についてこう語ります。

「成長し続けているマーケットを無視するのは愚かしいことです。モラルに反するかどうかについては、お答えできませんが、株主を満足させるのが我々の仕事です。たとえば、"ティンブクトゥー"という国の住民がタバコを知らないのであれば、ロスマンズ社が看板を掲げる意味はないでしょう。我々の仕事は、消費者の需要に応じることですから」　　　　　（J. スウィーニー　1988年）【*9】

第7章 新興市場を狙え

　ロスマンズ社アフリカ・ブルキナ・ファソの代表クリス・バレルのコメントを見れば、タバコの害など問題にもならないということがわかります。

　「この国の平均寿命は約40歳です。乳幼児死亡率は高く、当地ではタバコによる健康被害など表面化しないでしょう」
（J. スウィーニー　1988年）【*10】

　フィリップモリス・アジアの所長マシュー・ウィノカーは、海外の市場についてこんな発言をしています。

　「タバコを吸うときには、ぜひ米国製のタバコを選んでもらおう」
（L. ハイセの引用より　1988年）【*11】

　フィリップモリスのマイケル・パーソンズは、マルボロの市場の可能性について、誰もがマルボロを吸いたいはずだ、と考えていたようです。

　「マルボロの需要は驚異的だね。潜在市場がどのくらいあるのか、というと……そうだな、リーバイスのジーンズとそっくりだ。おそらく、ロシアだったら成人の2人に1人が欲しがるだろう」
（『ザ・オブザーバー』　1992年）【*12】

　正直なところ、共産主義の崩壊はタバコ産業にとって幸運でした。

　「最近まで、喫煙者の約40％が共産主義の壁の向こう側に閉じ込められていた。我々は、壁の向こうの喫煙者を取り込めるようになる

ことを待ち望んでいたのだ。なぜなら、そこにはまだタバコ産業が成長する余地があるからである」

(『ザ・オブザーバー』 1992年)【*13】

そして「壁」は崩壊しました。96年5月、フィリップモリス・ヨーロッパの社長アンドレアス・ジェンブラーは次のように話しています。

「1989年、(自由主義国と共産主義国の間を隔てていた)壁が崩壊した。同時にフィリップモリスは、何千万人もの喫煙者を獲得したことになる。その時に適切な行動をとっていなかったら、大きなチャンスを逃していただろう。これから先の我が社の見通しは明るいと思われる」

(『インスティチューショナル・インヴェスター』 1996年)【*14】

ここから、タバコ産業同士はマーケットをめぐる塹壕戦の時代に突入します。92年11月、R. J. レイノルズの支社長であるトーマス・マーシュは、東欧市場でのタバコ産業同士の戦いについて次のように語っています。

「ここでは、まるで塹壕戦か白兵戦のような肉薄戦が繰り広げられている。そこでタバコと健康の問題、広告規制といった共通の関心事について互いに話し合いを進めているわけだ。我々の産業には協会があり、そこでは完璧な紳士のように椅子に座って会合を開いている。けれども、ひとたび会議を離れれば、路上で再び戦いを繰り広げるのである」　　　　　(『ザ・オブザーバー』 1992年)【*15】

ゴールはすぐそこに見えてきました。パトリック・シーヒー卿は次のように話しています。

「BATは、以前よりもっと世界的な規模で活動しつつあります。私が経験してきたタバコ産業40年の歴史の中で、今が一番興奮する瞬間です」　　　　　　　　　　　　　（『タバコ・リポーター』 1991年）【*16】

こうして3億人を超える喫煙者を獲得し、タバコ産業最後の獲物を狙います。フィリップモリス・アジアの副社長リーン・スカルの中国市場に関するコメントです。

「2000年のタバコ産業の戦略は、世界で一番重要な国である中国市場に触れずに語ることはできない。あらゆる点で中国市場は予想を上回ることだろう」

中国の喫煙市場は、宇宙のように果てしなく広がります。ロスマンズ社地域広報担当マネジャーであるロバート・フレッチャーはこう語っています。

「中国で喫煙市場がどのくらい広がるのかを想像するのは、宇宙の果てに思いをはせるようなものだ」
　　　　　　　　　　　　　（『ウィンドウ・マガジン』 1992年）【*17】

第7章　新興市場を狙え　　＜解説＞

　タバコ会社は、常に新興市場を開拓しようと考えています。開拓のためには手段を選びません。すでに紹介したように喫煙者はブランドに忠実です。よって、先手を取ってシェアを占めたタバコ会社が当面の勝利を得ます。

　アジアのとある国では、まだ海外のタバコ産業に市場を開放していないのに、密輸によって海外のタバコが次々と国内で発売されるようになりました。その結果、この密輸タバコに国営タバコのシェアは大幅に奪われてしまい、ついには国営タバコ会社は白旗を揚げました。すなわち、密輸されていた海外ブランドの中でもとりわけ人気の高かったブランドのメーカーと提携し、ライセンス品を国内で生産するようになったのです。

　この話には裏があります。当の海外ブランドのタバコメーカーは否定していますが、実はアジアでの人気をあてこみ、「わざと」密輸を認めていたらしいのです。これは裏を返せば、アジアで欧米ブランドのタバコがいかに人気が高いか、ということを証明しているといえましょう。

　経済成長とともに喫煙人口は増加します。タバコ産業はここに目をつけます。かつて日本で起こった現象、つまり喫煙の広がりが経済発展の象徴であるかのような共同幻想が多くの国で生まれているのです。これらの国々の喫煙者に著しい健康被害が現れるのはこれからです。その膨大な健康被害に対して、どのような形で集団訴訟が行われるかもわかりません。

　ここで、タバコの消費が医療費に与えるインパクトを簡単に説明しておきます。世界銀行によりますと、高所得諸国では年間総医療

費の６％から15％を喫煙関連医療費が占めています。リパブリック・ニューヨーク銀行上級副社長兼在日代表（国立がんセンター研究所客員研究員）後藤公彦氏の1996年の推計によると、日本の喫煙関連医療費は３兆2000億円です。2002年３月発表の医療経済研究機構の発表では、タバコによる超過医療費約１兆3000億円に加えて、喫煙疾患による労働力損失約５兆8000億円、火災による労働力損失84億円等を合計して、計７兆1540億円が喫煙によるコストとして計算されています。これはタバコ税収を差し引いても毎年約５兆円の社会的損失となります。

　国民生活に対し、いかに大きな影響をタバコの消費が及ぼしているかが理解できますね。ちなみに現在日本の年間医療費はだいたい30兆円です。右肩上がりの経済成長だった頃とは異なり、いまでは日本も医療費に窮している状態です。以前は負担がゼロだった被保険者本人の自己負担も2003年４月からついに３割負担となりました。予防可能な病気はできるだけ予防しよう──決断の時が来ています。

　経済学の基本的な考え方からすると、タバコによる害を知らせずにタバコを売り続けることは、フェアな取引の上に成り立つ経済効率を著しく落とすことになります。つまり、フェアな取引が行われることによりその機能が十分に働くはずの市場経済の仕組みを損なってしまうのです。その程度がどれぐらいのものかについてはすでに述べましたし、世界銀行などのさまざまな国際機関や各国機関がデータを出しています。また何よりも、日本以外の先進諸国がタバコ対策に力を入れていることからも、よく理解していただけることと思います。

　日本では、牛丼店やカレー店の一部が禁煙に踏み切りました。タイ、マレーシア、米国ニューヨーク市、カリフォルニア州などでは、飲食店での喫煙が禁止、もしくは禁止が検討されており、またドイ

ツでは職場の喫煙が禁止されているそうですから、このような国々では灰皿に関するコスト削減も無理なくできます。もちろん喫煙者の方々の健康のためにもなります。アイルランド等のヨーロッパ諸国では、パブでも禁煙になりつつあります。

　新興市場は、本章に記された元「東側」諸国だけではありません。喫煙割合が飽和していない市場であればどこでもターゲットになります。その1つが女性マーケット。女性の喫煙割合が低い国は多いので、まだまだ「新興市場」は存在すると言えるでしょう。

　また、喫煙対策がすでに進んで飽和しているはずの国でも、シェアを奪われるわけにはいきません。喫煙対策が遅れてタバコの値段が安い国から密輸によりタバコを逆輸入して自社ブランドのシェアを守るのです。英国のインペリアルタバコの幹部は、密輸に関与しているかどうかについて「他の国に奪われるよりましだろう」と答え、密輸への関与を事実上認めています。

　法律学のロバート・L・ラビン教授（スタンフォード大学）とスティーブン・D・シュガーマン教授（カリフォルニア大学）による『レギュレーティング・タバコ』（タバコ規制）という本によると、国際タバコ会社が密輸に関与している事実が、次々と明らかになっています。その中でも特筆すべきは、フィリップモリス、R. J. レイノルズ、そして日本たばこ（JT）に対して、世界的な密輸の陰謀を図っているということで、EUの9ヵ国が法的措置をとるという事件が紹介されています。世界で生産される17％のタバコが輸出に回され、そのうち30％強が密輸されていると推定されています。これは世界で生産されるタバコの実に5％にものぼることになります。

　前掲の『成功する政府、失敗する政府』では、ニューヨーク・タイムズの「1990年代の終わりにはアメリカのタバコ販売は15パーセントの減少が予想されるが、アジアでは喫煙は許容されるばかりで

なく、ファッショナブルであると捉えられている」という記事を引用して、中国でのタバコ消費の劇的な増加が、アジアの多くの国々を席巻している状況が示されています。発展途上国であればあるほど、タバコ税は低く、またタバコの値段は低く抑えられているのが現状です。

先の『レギュレーティング・タバコ』によれば、現在、主に3つのグローバルなタバコ問題が存在します。1つ目は、タバコ関連疾患が世界の公衆衛生問題となっていること。このことはすでに詳細に述べました。2つ目は、巨大国際タバコ会社によって世界市場が占められていること。この巨大国際タバコ会社の中には、日本のJTも含まれています。3つ目は、国境を挟んだタバコ問題が拡大していることです。

3つ目の問題はさらに次の3項目に分けることができます。①密輸、②広告規制のほころび、③自由貿易の圧力。③の自由貿易推進の美名によるタバコ市場の開放に日本は屈しましたが、タイは抵抗しています。このような問題があるために、タバコに関する国際条約を発効させて国際的にタバコ問題に対する取り組みが必要となるのです。

グロ・ハーレム・ブルントラントWHO（世界保健機関）事務局長は『レギュレーティング・タバコ』の推薦文にこう寄せています。

> 「世界中で、たばこが原因となり膨大な数の人が命を落としている。喫煙に伴う最大のコストは、疾病、苦しみ、家族の悲しみという甚大な犠牲である。経済学上の主張ではなく、保健こそがたばこ対策の根拠であるが、たばこ抑制政策には経済的見地からの異論が障壁となっている。そのため、喫煙が世界的な死因となっているにもかかわらず、それを抑制するための対策に立ちあがろうとしない政府が多い。本報告書は、そうした政府が根拠としがちな主張を、きわめて有用性高く、タイムリーに検証した」

タバコ抑制政策は、国内問題としてだけでなく、グローバルな視点が必要です。世界では毎年300万人がタバコ喫煙で死亡しており、このままでは2030年には年間約1000万人が死亡する（そのうち7割が発展途上国）と予想されており、単一の原因としては最も多い死亡数なのです。国際条約の発効が間近に迫っています。

第8章
「女性」という最後の巨大市場

「……喫煙者全体の中で、**女性の喫煙者の割合が増えつつある**。女性は以前よりも社会的に重要な役割を担うようになってきた。女性の購買力は年々増大しており、しかも女性は男性よりも長生きをする。最近の公式な発表によると、**女性は男性ほど『嫌煙運動』に反応しない**ということもわかっている」

「とにかく、ヨーロッパのマーケティング担当者がずっと気にかけて警告し続けたにもかかわらず、こうした事実が**女性を**(タバコ産業の)**最も重要なターゲット**たらしめたわけである。以前から躊躇されてきたことではあるが、この際、女性喫煙者が形成する重要な市場区分に照準を定め、攻撃を仕掛けてはいかがだろうか？」[*1]

1982年、タバコ業界誌『タバコ・リポーター』は、タバコ産業の将来について見解を述べました。

概　要

　1960年、英国の女性喫煙率は40％、男性の喫煙率は60％でした。しかし、1990年代中頃までに男性の喫煙率はほぼ半分近くの32％まで減少したのに対し、女性の喫煙率は30％と、たった10％しか減少していません【※2】。肺癌と喫煙の因果関係が明るみに出てから40年たった1990年代、女性の喫煙率は男性の喫煙率に追いつくまでになりました（米国、オーストラリア、ヨーロッパ諸国でも同じような傾向が見られます）。ティーンエイジャーの間でも特に女子の喫煙率の伸びが顕著であり、史上初めて女子の喫煙率が男子の喫煙率を上回った国もあります。

　肺癌や心疾患は未だに男性の病気だと考えられていますが、実際には喫煙率の上昇を忠実に反映し、女性の間でもこうした病気が増えつつあります。女性だけが病気に対して特別な免疫力を備えているわけではありません。英国でも地域によっては、癌の中でも肺癌が女性の死亡原因のナンバーワンになっています。そのうえ、心疾患は英国女性の最大の死亡原因となっているのです。

　こうした傾向は、いろいろな要素が複雑に絡み合って生まれました。たとえば女性の社会的地位の向上、経済的・社会的な独立傾向、禁煙に関するロビー活動の失敗、健康増進運動をするエージェントが、喫煙とその影響を女性の問題としてイメージづけられなかったことなどがその理由としてあげられます。

　しかしなんといっても、タバコ産業がとてつもない力を注ぎこんで、女性をタバコ販売のターゲットに据えるようになったことが大きな原因であることは疑う余地がありません。特定のキャンペーンは女性市場を拡大することを目的にしながらも、減少しつつある男性の需要にも応える側面を持ち、最終的にはタバコ市場そのものを

第8章 「女性」という最後の巨大市場

拡大することまでを目的としていました。

タバコ産業はひとびとがタバコを吸い始めるように仕向け、喫煙を継続してもらうために、毎年莫大な費用を投じてきました。タバコ産業自身の言葉を借りれば、タバコ産業は「餌を与え続けなければならない巨大な怪物」【*3】なのです。タバコ産業にとって女性市場は征服すべき領域であり、そのために経費の大部分を費やしていきました。こうしたタバコ産業の努力は、喫煙率、喫煙者数、疾病者数などの統計の数値によって報われることになります。

以下のような米国におけるタバコ訴訟で召喚されたタバコ産業の発言や書類が、タバコ産業がどのように女性市場を拡大するための活動を行ってきたかを示しています。

> タバコ産業の戦略は、市場を区分けすることで、より的確に"女性のニーズや要望に応えていく"ことである。これによってタバコ産業は、ますます効果的に製品のターゲットを絞り込める。
>
> タバコ産業は、より効果的にターゲットを狙うために、女性に関する莫大な調査を行ってきた。これを受けてタバコ産業は、女性は男性ほど嫌煙運動の影響を受けないが、ひとたびタバコを吸い始めると、禁煙の困難さをより痛感するようだと感じている。
>
> タバコ産業は未成年の女性さえもターゲット市場の一部と見なし、この年齢層の女性に向けた製品も販売してきた。
>
> 市場を区分して考える方針の1つとして、特に黒人女性や低所得者層の女性に向けた製品開発を行ってきた。

女性は男性よりも健康に関心が高いことをふまえ、タバコ産業は女性に向けて低タールタバコを販売し、女性の禁煙に歯止めをかけてきた。(低タールタバコには) 健康へのメリットなどまったくないかほぼゼロに等しいといった独自の証拠を持ちながら、タバコ産業は低タールタバコをより害が少ない製品として宣伝販売したのである。

タバコ産業は、タバコが女性に及ぼすあらゆる害は誤りであると論破し、攻撃を仕掛けてきた。こうした行為は特に女性の喫煙に関して行われたが、結果的には両性に影響をもたらしている。これによって、「喫煙による三大疾患である肺癌、心疾患、慢性気管支炎（下部気道疾患）は、純粋に性別に起因する男性の病気であり、女性はこれらの病気になる危険性が低い」といった世の中の風潮を助長したのである。

タバコ産業はまた、タバコは胎児にも影響を及ぼすという証拠を否定し、対策を講じることも忘れなかった。

重要な事実

　英国では毎年喫煙を理由におよそ4万1000人の女性が寿命をまっとうできずに死亡しています【*4】。EU諸国全体ではその数は10万6000人となり【*5】、全世界の合計では、毎年およそ50万人が喫煙によって死亡していることになります【*6】。

　女性の間で喫煙者の数が増えているため、世界的にみて、女性の死亡率は2020年までに2倍になるとみられています【*7】。

　英国の女子中学生の喫煙率は上昇傾向にあり、年齢層によっては男子生徒よりも女子生徒の喫煙率が高くなっています【*8】。

　女性は男性と同様に喫煙によって健康に痛烈な打撃を受けています。加えて、子宮頸癌など生殖器系にまつわるあらゆる問題や、骨粗しょう症など女性特有の病気にかかる危険にもさらされています【*9】。

　女性喫煙者の大部分は禁煙したいと考えています。1994年、女性喫煙者の68％がとにかくタバコをやめたいと言っていました【*10】。女性喫煙者の80％以上が禁煙を試みたことがあり、特に30歳から49歳までの女性にその傾向が強く見られました【*11】。

　第三世界全体では、女性の喫煙率はおよそ7％程度と見られています【*12】。この統計は、第三世界の女性をターゲットにするタバコ産業を活性化するものです。

タバコ産業が語った真実

　タバコ産業は、今度は女性をターゲットに絞ってマーケティングを展開していきます。

　タバコ産業が世界規模でいったいどのくらいの費用を製品の宣伝広告につぎ込んできたのか、明確な数字は出ていません。しかし、たとえば英国一国の規模でみていくと、その全体像がつかめるものです。英国では年間10億ポンド（日本円にして約1980億円）が製品プロモーションに費やされていると、ASHは推定します【*13】。タバコ産業は宣伝広告費のうちかなりの部分を女性向けに使う一方で、男性をターゲットにしたりあるいは性別にこだわらずにタバコの宣伝広告を打っており、こちらも女性に向けて絶大な成果をあげています。たとえば、マルボロは男性向けのブランドとして宣伝されていますが、米国では10代の女の子の間で最も人気の高いタバコとなっているのです。

　タバコ産業が女性をターゲットにして販売努力をしているのは、誰の目にも明らかです。1968年にバージニアスリムを発表して以来、女性向けブランドが爆発的に増加しました。女性テニスプレーヤーのスポンサーとして無料サンプルを配布することで、タバコ産業は「女を攻撃下においた」と発言しました。規制がより緩やかな第三世界では、タバコ産業はディスコやレイブパーティのスポンサーとなり、主に若い女の子を雇って、若い女性や女の子たちに無料でタバコを配りました。

　そして、女性市場を女性のタイプ別に区分していきます。

　タバコ産業は市場を分類し、それぞれの区分特有の要望やニーズを見極めていったのです。

第8章 「女性」という最後の巨大市場

　まず、「女性市場の開拓」という任務の遂行にあたり、タバコ産業は女性市場を人種や生活レベルなどで分類し、それぞれの女性の"タイプ別区分"にあわせたキャンペーンを展開していきました。これによって、ターゲットになりうる各区分のニーズや要望といった嗜好の違いにまで深く踏み込めるようになり、消費者に向けたメッセージがより巧妙なものになりました。この市場を区分する方法は、通常のビジネスではスタンダードなマーケティング手法です。けれども、タバコ産業が「タバコのような破壊的で何の役にも立たない製品を、いかにして販売しようとしてきたか」を理解するための格好の素材だといえるでしょう。

　R. J. レイノルズの「成人女性市場の構造的・心理学的区分」（1980年）と題された書類では、次のような問いを投げかけています。

> 「我々が興味を持つべきは次のようなことである。まず、基本的に女性をどんなタイプに分けられるか？　各区分を構成するのはそれぞれどんなタイプの女性か？　その区分に属する女性のニーズと要望はどんなものか？　それぞれどのようなシンボルやフレーズに魅かれ、何が彼女たちの興味を喚起し、行動を起こす原動力になると考えられるか？　そして最終的に、どの区分のひとびとが、どんなタイプの製品を購入する傾向にあるか？　ということである」
> 　　　　　　　　　　　　　　　　　（R. J. レイノルズ　1980年）[*14]

　タバコ産業は、若い女性に狙いを定めた"ライフスタイル・アプローチ"を展開するようになります。アメリカン・タバコ社の「好機」と見出しがつけられた書類には、新しい女性向けブランドの開発について次のように書かれていました。

205

「今どきの女性の価値観、年齢、ライフスタイル、製品の好みの形に関するデータをもとに、女性市場を区分すべきときがきた。女性のヤングアダルト・スモーカーをターゲットにして、今風で女性のライフスタイルにぴったりくるアプローチを考えることがこれからの課題である」　　　　　（アメリカン・タバコ　1983年）【※15】

　タバコ産業は、女性の嗜好や興味を対象にしてマーケット・リサーチをすることから、現在のトレンドを探ろうとします。まずは、女性の喫煙者と非喫煙者について徹底的な研究を行い、次の2つの成果を得ました。
　第1に、女性について詳細にわたるリサーチをすることで、"自立"や"依存"といった女性が欲する状態に対して、より効果的に訴えかける製品を開発できるようになりました。タバコ産業はまた、女性の政治的なスタンスを知り、社会的な傾向をつかむためにリサーチを重ね、女性の社会的な動向に深く根ざしたマーケティング活動を行ったわけです。典型例として、1968年に女性解放運動の波に乗って開始されたバージニアスリムのキャンペーンがあげられます。
　第2に、タバコ産業はこの女性に関するリサーチ・データをもとに、裏で女性間のトレンドを操作してニーズや欲求を生み出し、夢をでっちあげていったのです。

　ブラウン・アンド・ウィリアムソンのコンサルタントのコメントによると……。

「女性喫煙者は、ライフスタイルを刺激するようなイメージ戦略を用いたキャンペーンに、より感化されやすいようである」【※16】

そして、未来のトレンドまでがタバコ産業によって予言されていきました。中には、次のような不穏当かつ正直なタイトルが付けられた書類も見られます。

「常に動き続けるターゲットたちの先を行け：1990年代における女性に関するマーケティング」

BATは、タバコ産業がいかにして女性を操ろうとしていたかをこんな言葉で表しています。

「――今どきの女性の行動パターン、価値観、モチベーションなどを、しっかりと把握しなさい」
「――社会的な変化がアメリカのカルチャーに与える影響について考えなさい」
「――ライフスタイルや消費行動に直接影響を与えている、女性のトレンドを読み取りなさい」
「――これから先のトレンドや彼女たちの行動パターンを予測しなさい」　　　（ブラウン・アンド・ウィリアムソン　1989年）【※17】

女性は、どうやら"ソフト"なイメージの広告に対して反応がいいようです。R. J. レイノルズの「広告イメージに対する女性の反応」と題した書類の要約は次のとおりです。

「キャリア・ウーマンや独身女性のように自立している場合を除き、すべての区分に属する女性は、次のようなイメージで展開する広告を好む傾向にあることが、最近の研究結果でわかった。

―キスや抱擁など親密さを表したもの
―優しく、穏やかな雰囲気
―愛情あふれる表現
―人に対する思いやりが感じられるもの
―気持ちを共有できるもの

　逃避や空想のイメージをもった広告は、『仕事がない・選択の余地がない』（仕事も生活も自分で状況を選べる立場にない女性）、『仕事をしている・選択肢がある・2つの役割がある』（仕事をしていて、その内容も選べる立場にあり、かつ結婚もしている女性）、『仕事をしていない・選択肢がある』（仕事をしていないが、しようと思えばすることができる女性）といったライフスタイルのひとびとに効果的である。一方、キャリア・ウーマンは、"優雅さ"や"成功"といったイメージに惹かれる傾向にあるようだ」

（R. J. レイノルズ　1980年）【*18】

　女性がどんな理由でタバコを吸い始めるのかを理解することは、将来、新しい喫煙者を取り込むうえで重要です。R. J. レイノルズの1983年の書類には、次のように書かれていました。

「喫煙とタバコブランドおよびタバコ広告に対する反応を探るべく、2組のフォーカス・グループでセッションを行った。対象は"女性18歳から24歳"と"女性25歳から34歳"である」

　この書類は、女性の一連のグループに行ったインタビューの要約も掲載しています。

「女性がどんな理由でタバコを吸い始めるかについては、女性の誰もが同じ意見だと思います。『仲間からの誘惑』はもちろんですけれど、大人への通過点として、大人への過渡期として、それから権威への反発を表現するためにタバコを吸い始めるのです」

「女性は社会と交流するために、喫煙をするのだと思います。タバコは禁断の果実のような存在だといえるでしょう」

「私が喫煙を始めた唯一の理由は仲間から誘惑されたからです。それから、人目を引くためでした。ほら、タバコをくわえて街を歩いているこの人をみれば、誰だってこんなふうに大人っぽく見せたいと感じるはずです」

「若いときというのは、タバコを"大人"のイメージに結びつけて考えるものです。タバコの広告は、そんな印象を植え付けるものですから。しかも、タバコを吸うのは洗練された行為だと感じさせるんです」

「私が若いときには、タバコは洗練された大人のものと感じていました」

イメージアップ

　R. J. レイノルズは"近代的な女性らしさ"を表現するブランドを開発しました。同社の「プロジェクトAA　女性市場の分析」と題された文書には以下のように記されています。

「『プロジェクトAA』は、自分のイメージアップを図りたい消費者を対象に進めてきました」

その"根拠"は次のとおりです。

「このタバコブランドは"近代的な女性らしさ"を象徴し、ヤングアダルト層に属する女性喫煙者のイメージアップをはかる役割を果たします」　　　　　　　　　　　（R.J.レイノルズ　1983年）【※20】

R.J.レイノルズによると、女性は"現実からの逃避"あるいは"自分へのご褒美"となる製品を求めているのです。

「女性たちは、日常のさまざまな出来事から逃避し、気分を紛らわす方法を探している。そこで我々は、女性が幻想を抱き、うっとりするようなタバコを生み出すのだ。もちろんこの製品は女性たちを現実から逃避させるだけでなく、『自分へのご褒美』としての役割も果たさなければならない。アクセサリーとは、なにもハンドバッグやスカーフといった高価なものだけに限らない。女性のイメージアップにつながるものすべてがアクセサリーだ。自分をよりチャーミングに見せるものなら、女性は何だって買ってしまうだろう」
　　　　　　　　　　　　　　　　（R.J.レイノルズ　1989年）【※21】

フィリップモリスは、女性喫煙者の行動に関するマーケット・リサーチを広範囲にわたって行いました。「マルボロ・ウーマン」と題されたこの文書に掲載されたチャートから、マルボロ・レッドとマルボロ・ライトを吸う女性の行動の違いが読み取れます。グレーの棒グラフはマルボロ・レッドを、黒の折れ線グラフはマルボロ・ライトのユーザーイメージを表しています。これによると、マルボロ・ライトの喫煙者は、より洗練されたキャリア・ウーマンであることがわかります。　　　　　（フィリップモリス　1995年）【※22】

第 8 章　「女性」という最後の巨大市場

　以下のグラフを見ると、"ライト"タバコの喫煙者の方が、より洗練され、よりキャリア志向であることがわかります。

★女性喫煙者のイメージ像：18歳から24歳

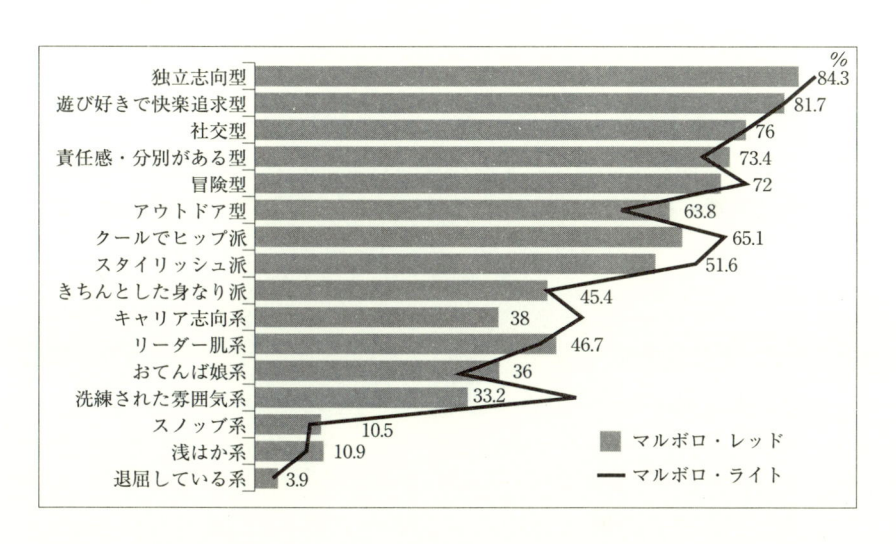

項目	マルボロ・レッド	マルボロ・ライト
独立志向型	84.3	
遊び好きで快楽追求型	81.7	
社交型	76	
責任感・分別がある型	73.4	
冒険型	72	
アウトドア型		63.8
クールでヒップ派		65.1
スタイリッシュ派		51.6
きちんとした身なり派	45.4	
キャリア志向系	38	
リーダー肌系		46.7
おてんば娘系	36	
洗練された雰囲気系	33.2	
スノッブ系	10.5	
浅はか系	10.9	
退屈している系	3.9	

（棒グラフがマルボロ・レッド、折れ線グラフがマルボロ・ライトのユーザーイメージ）

　ファッショナブルな女性たちに魅力的に映るブランドをデザインしていきます。R. J. レイノルズが自社ブランドの"モア"についてこう語っています。

> 「女性にとって重要な要素である"ファッション性へのアピール"を念頭に置いてデザインを施した。なぜなら、製品とパッケージ・デザインは、そのタバコを吸っている女性自身のライフスタイルを周

りにアピールすることになるからだ。しかも、『モア・ライト100's』なら低タールというメリットまで享受できるわけである」

(R. J. レイノルズ　1984年)【*23】

ブラウン・アンド・ウィリアムソンの文書に、これまでの内容を要約するような発言が見られます。

「簡単に考えてみよう。とにかく女性を快適にしてやることだ。ストレスや社会の複雑さ、そのスピードとうまくつきあうために、女性は気晴らしを求めているのだから」

(ブラウン・アンド・ウィリアムソン　1989年)【*24】

若い女性と新参喫煙者を狙え

イギリス、アメリカ、オーストラリアなどでは、喫煙者層の中で若い女性の喫煙率が群を抜いて多く、10代の女の子たちは公衆衛生に関するメッセージに耳も貸しません。しかも、他の喫煙者層に比べ、若い女性の喫煙率は上昇率も下降率も非常にゆるやかで変化が見られないのです。【*25】

タバコ産業は、「18歳以下をタバコのターゲットにしていない」と繰り返し主張してきました。しかし、タバコ産業がすでに喫煙をしているひとびとのブランドを替えさせるためにマーケティング活動を行っていることは、誰の目にも明らかです。タバコ産業の文書を見れば、若い女性市場は伸びが見込める層だと考え、彼女たちをターゲットに据えていることがわかります。

新興市場

　タバコ産業は「従来の喫煙者だけをターゲットにする」と主張しながら、その実"新興市場"の開拓を重要な目的としていました。

> 「タバコ産業の指導的立場にある人間は、若い女性やヤング・アダルト層に、まだ潜在的な市場があると考えている。近い将来のためにはもちろんのこと、長期的な視野で見て、喫煙者になりうる若い女性やヤング・アダルト数百万人を市場に取り込むべきだと提言している」
> 　　　　　　　　　（『米国タバコ・ジャーナル』　1950年）【※26】

　アメリカン・タバコのヴァイス・プレジデント、チャールズ・ムーランのコメントです。

> 「他社ブランドの喫煙者を我が社に取り込むよりも、むしろ新しい市場を開拓していくべきである」
> 　　　　　　　　　　　　　（アメリカン・タバコ　1983年）【※27】

　「供給の連鎖」について書かれたBATの文書には、次のようなタイトルがつけられていました。

> 「成熟した市場におけるシェアの保護と新しい市場における成長率」
> 　　　　　　　　　　　　　　　　　　　（BAT　1990年）【※28】

　BATは、ある文書の中で、女性と男性の喫煙実績を次のように比較し、女性の喫煙初心者を歓迎します。

「1966年、初めて喫煙する女性たちの間で大幅な利益増大が見られたことは注目に値する。これは我が社にとって好ましい傾向である」
(1967年)【※29】

BATは女性喫煙者の傾向について次のように語っています。

「(我々の調査では) 初めて喫煙するひとの中で、女性喫煙者は59.4％を占めている。ブラウン・アンド・ウィリアムソンの調査によると、初めて喫煙する女性の割合は53.7％と少し低くなっている」
(1983年)【※30】

若い女性について

フィリップモリスは、10代の女の子や若い女性を自社の顧客にできたことを誇らしく思い、自社のマルボロ・ブランドが若い女性の間で最も人気を博しているのを重要視しました。

「マルボロは17歳くらいからもっと若い年齢層までを支配下におさめ、タバコ市場の50％以上を掌握した」
(フィリップモリス 1979年)【※31】

別の文書でも同様に、強調した文字で自慢を綴っています。

「若い女性の中で、まだ流動的な層である18歳から24歳の75％がマルボロを吸っている」　　(フィリップモリス 1994年)【※32】

第8章 「女性」という最後の巨大市場

　新しいタバコは、特に若い女性をターゲットにしています。若い喫煙者たちは"市場での長期的な成長"を遂げるための、戦略上重要な存在でした。R. J. レイノルズの文書では、18歳から24歳の市場を次のように分析しています。

「『プロジェクトAA』の目的は、18歳から24歳の女性喫煙者を惹きつけるタバコ・ブランドを開発することである。以下に18歳から24歳の女性喫煙者についての分析結果と、新しいブランドを通じて若い女性喫煙者層にアプローチする方法を示していく。R. J. レイノルズの長期的な成長率を考えると、若年喫煙者は戦略上重要な存在である。フィリップモリスが過去10年間にわたってマーケット・シェアを伸ばし続けることができたのは、ヤングアダルト・スモーカーの人気を獲得し、彼ら彼女らが年をとってもなお同じ銘柄を吸い続けたためである」
　　　　　　　　　　　　　　　　（R. J. レイノルズ　1982年）【※33】

　タバコ会社は、未成年（18歳から21歳以下）の女の子たちにダイレクト・メールを送付しました。それを受けて、1991年1月、R. J. レイノルズに一通の手書きの手紙が届きました。

「拝啓　あなた方は15歳の娘に喫煙を促すようなクリスマスカードとクーポン券を送りつけました。どうか、うちの娘の名前をあなた方の名簿から削除してください」
　　　　　　　　　　　　　　　　（R. J. レイノルズ　1991年）【※34】

マイノリティをターゲットに

　社会的・経済的に恵まれていないひとびとに、まるで影のごとく高い喫煙率がつきまとっています。もちろん、人種問題を抱えるひとびとも例外ではありません。統計によると、白人が大多数を占める社会で生活する黒人は、そこで生活する白人よりも喫煙率が高くなる傾向が見られます。カナダでは、仕事に就いていない女性の40％、イヌイット（グリーンランド・カナダに住むエスキモー）の女性73％が喫煙しているのに対し、大学を卒業した女性は10％しか喫煙していません。マオリ族（ニュージーランド原住民）の女性の間では、世界中のどの民族よりも肺癌による死亡率が高くなっています。アメリカでは、白人女性よりも黒人女性の肺癌率が急速に増加しています。

　R. J. レイノルズは「女性やマイノリティに向けたマーケティング活動」に対する誤解を、次のようなコメントで一掃しようとしました。黒人女性をターゲットにしないのは、むしろ人種差別や性差別というものです。"保護された層"などあってはならない、というのです。

> 「タバコの味、パッケージ、長さなどの好みは、喫煙者のタイプごとに違うものだ。そのため、製造者側はあらゆるスタイルのタバコを提供して、それぞれのタイプの要求にあわせているのである」

> 「アフロ・アメリカン（アフリカ系アメリカ人・黒人）、ヒスパニック（ラテンアメリカ系住民）、そして女性がR. J. レイノルズのビジネスで大きな比重を占めている。彼ら彼女らの存在を無視して、広

告で白人ばかりを前面に押し出し、白人男性が好むスタイルのタバコばかりを製造しているのでは、むしろ我々自身を人種差別や性差別の批判にさらすようなものであり、また、そうされて然るべきだろう」

「アメリカの成人は皆、喫煙と健康に関する論争について自分なりの意見や考えをもっているものだ。しかし、『マイノリティや女性は、自分がタバコを吸いたいかどうかを決定する能力が白人男性よりも低い』といった扱いをすることは、どのブランドであろうとその品位を疑いたくなる。マイノリティや女性を"保護された層"として脇に追いやるべきではないのだ」

(R.J.レイノルズ　1990年)【※35】

　タバコ産業は黒人女性を重要なマーケットと見なすべきです。なぜなら、黒人は"最高の市場"だからです。以下は、1983年のR.J.レイノルズのコメントです。

「黒人女性に関するマーケティングとは——」
「——黒人は米国において最も成長している消費者層であり——」
「——今や人口の12％を占め、過去10年間でその人口の伸び率は17％まで増加している」
「——これから数年の最優良消費者市場である。全黒人の半数が20歳以下なのだ」
「——平均的な黒人家族の人数は3.7人で、平均的な白人家族よりも16％人数が多い」
「——全ての黒人世帯のうち30％が女性筆頭者である」
「20歳から44歳の黒人女性が510万人いるのに対し、その年齢層の黒

人男性はたった460万人しかいない」

(R. J. レイノルズ　1983年)【*36】

　BATは、クール・マイルドのマーケティングで米国黒人をターゲットしていました。

　「同じ刺激を与えても人種によってその感じ方が異なるように、人種間にははっきりとしたカルチャーの違いが存在していることに注目したい。クール・マイルドのマーケット・マネジメントでは、現在アメリカで生活している黒人に特有な感性を刺激するような広告を作るように心がけてきた」　　　　　　　(1979年)【*37】

　タバコ産業は、「誰もが自由に選択する能力を持ち、タバコの宣伝広告に"触れる"のは誰もが持つ"権利"である」と主張します。調査によると女性喫煙者の約90％が、18歳になる前に喫煙を始めています【*38】。若者は経験不足や自覚不足により、大人ほど自由にその意思を決定できない、と法律では定めています。

　タバコの市場調査をする目的は、消費者に賢い選択をさせるための情報を与えることではなく、ひとを本質的に誤った方向に導くことにあります。タバコ広告は、製品そのものからは伝わりにくいタバコの魅力や、興奮するような刺激について訴えかけます。特に"ライト"をはじめとする女性向けブランドの広告は、より欺瞞に満ちていました。こうした製品は、健康への安全性を謳っているにもかかわらず、他のタバコと同様に健康へのメリットなどまったくありません。つまり、製品は"ライト"という言葉と正反対の性質を持ち、ライトを販売するための広告も同様に、製品本来の性質とは

まったく逆の宣伝をしていたわけです。

無職の女性や低収入の女性を狙い打ちに

タバコ産業にとって、仕事がない女性や低収入の女性は、マーケットを構成する1つの"区分"にすぎません。この区分の女性が喫煙する確率は、中流階級の女性よりも高くなっているのです。

タバコ産業は、まず"男性的な女性たち"をターゲットにします。R. J. レイノルズは「プロジェクトVF（バージニア・フィメール＝女性）」で、18歳から20歳の女性をターゲットにする計画を立てました。そのターゲット市場を分析したものを「男性的な女性の人口統計・サイコグラフィックス（消費者のニーズ・目的・興味などの心理的特性の分析法）調査書」と呼んでいました。

「年齢・性別：白人女性。年齢20〜28歳（主に21〜24歳）
　　　　教育：高校卒業程度
　　　　職業：受付や製造業
　　雇用状況：とりあえず就職できたところで働く。仕事が
　　　　　　　ないか、あるいはアルバイトである率が高い。
好きなテレビ番組：夜のメロドラマ『ロザンヌ』（尻軽女）
　　　　願望：彼氏と遊び、友達とパーティにふけること。
　余暇の過ごし方：彼氏とただなんとなく過ごす。
　　　好きなこと：踊ること。ダンスクラブやバーに行くこと
　　　　　　　（21歳以上でない場合は他人の身分証明書を借
　　　　　　　りて、年齢を偽って入場する）。

　　　　　：テレビを見ること（無料かあるいは払える範
　　　　　囲の有料チャンネルなどを見る）」

　　　　　　　　　　（R.J. レイノルズ　1989年）【*39】

　BATの「女性ターゲット・オーディエンスの評価」と題された文書では、女性をブルー・ブラウスとホワイト・ブラウスに分類しています。

　「添付書類には、女性マーケットを分類する必要性について書かれています。その中で最も興味深いのは、働く女性を"ブルー・ブラウス"と"ホワイト・ブラウス"に分類している点です」

ブルー・ブラウス（昔ながらの"働く"女性）
・教育レベルが低い（高校卒業またはそれ以下の教育レベル／中には特殊専門学校卒業者を含む）。
・給与が安い（年収1万5000ドル以下）。
・多くは秘書的な業務や事務的な仕事に就く。
・家族の収入を補うために働く。
・欲求を満足させたいと願っている（例：安価な化粧品や衣類や宝飾品に手を伸ばす）。
・こうした層が"ブルー・ブラウス"に属する女性の大多数を占めていることが多い

第8章　「女性」という最後の巨大市場

ホワイト・ブラウス（いわゆる"キャリアウーマン"）
・給与が高い（年収3万ドル以上）
・自分自身の挑戦・自己実現・自己表現などのために働き、職業を通じて成長していく。
・主体性や自意識を尊重する。
・平均以上の教育を受けている。
・自分の職業に専心する。
・職業にふさわしい外見を心がけ、上等な衣類を好む

「結論：この情報をもとに、ターゲットとなる女性区分に狙いを定めた戦略を立てていく。これは、"新キャンペーン"に付随して行われたマーケット・リサーチの結果を補足するために出されたデータである。我々はターゲットの多数を占める"ブルー・ブラウス"市場を狙いながらも、"ホワイト・ブラウス"に向けたキャンペーンを繰り広げてきた。しかし、これからは"ブルー・ブラウス"という、まさに我々のターゲット・オーディエンス層が好むようなキャンペーンを繰り広げていくべきである」　　　　　（1989年）【※40】

タバコ会社は、宣伝効果が高そうな雑誌を選んで広告を打ちます。中でもフィリップモリスは、恋愛や遊びをメインテーマとする雑誌に広告を打ち、成果をあげました。

「若くて、仕事に就けず、低収入の女性たちを誤った方向に導いていこう」　　　　　（フィリップモリス　1986年）【※41】

喫煙は、次の世紀にまで受け継がれていくと考えられます。その結果、喫煙が"第一犠牲者"にどんな"最悪の特権"をもたらすか、

容易に想像がつきます。

「もし今の喫煙パターンが続けば、主に2つのグループに属する女性たちが、将来のタバコの被害者になると考えられる。まずは、豊かな国に住みながらも十分な給料を支払ってもらえず、社会的経済的に恵まれない状況で働く母親たちだ。この女性区分の中には、必ずといっていいほど白人女性よりも貧しく、しかもマイノリティ（少数派民族）グループに属すという、二重に恵まれない女性が含まれている。タバコに支払う金銭的余裕が最もないひとびとであるにもかかわらず、彼らこそが今一番のヘビー・スモーカーであり、タバコに金をつぎこんでいるのである。彼らは次の世紀においても第一犠牲者であり続けるだろう」
（『ビーティング・ザ・レディーキラー』 1986年）【※42】

女性と"ライト"タバコ

ブラウン・アンド・ウィリアムソンが「ロー・アンド・ウルトラ・低タールウーマン」と名づけたフォーカス・グループで、2人の女性が次のような話をしています。

「私が低タールタバコを吸っているのは、（タバコの害が）恐ろしいと感じているからです」
「まずウィンストンからタバコを吸い始め、それからトゥルーを吸い、今はマルボロ・ライトを吸っています。低タールタバコを吸うようになってから、他のタバコを吸っていたときよりもタバコの本数が増えました。理由は簡単で、もっとタバコを必要だと感じるか

らです」　　（ブラウン・アンド・ウィリアムソン　1979年）【*43】

　"ライト"は男性よりも女性に好まれる傾向にあります。EU諸国に住む女性喫煙者の半分（48%）が"ライト"を吸っている一方で、男性喫煙者はたった3分の1（32%）にとどまっています。また、"ライト"タバコは年齢を重ねるごとに消費量が増えるというデータも出ています。深刻なタバコの害にさらされている45歳から64歳までの年齢層では、女性の60%が"ライト"を吸っているのに対し、男性喫煙者はたった33%にすぎません【*44】。

　1960年代、喫煙による発癌の可能性が、より広く世間に知れ渡るようになりました。ひとびとは喫煙による健康への影響を心配し始めるようになり、特に男性よりも女性にその傾向が強いという調査結果が出ています。そして、タバコ産業にも心配の種がありました。それは、「ひとびとがタバコをやめないだろうか」ということです。その対応策として製造者は"低タールタバコ"を開発しました。これは、"より健康的なタバコ"として売り出されたわけではなく（あるブランドを健康的だとして売り出せば、そのほかのタバコを吸うと健康に害があると認めることになりかねません）、"口当たりが柔らかい"、"マイルド"、"クール"、そして"元気になる"という宣伝のもとに販売されました。

　新しいタバコは幅広い層の女性をターゲットにし、女性に向けてなんとなくフィルターを取りつけるようになりました。おかげで、女性が消費者の大多数を占めるようになったのです。こうして1983年には、英国で以前の3倍の女性が"ライト"を吸うようになりました【*45】。この"ソフト"なタバコがなければ、どのくらいの女性がタバコをやめられたか知る由もありません。我々にわかるのは、低タールタバコは喫煙者が禁煙するのを遅らせたり断念させたりす

るための戦略の一部だったのです。その後も従来どおりのタール量の計測方法が続けられ、ひとびとが喫煙する方法も変わりませんでした。"低タール"と称されるタバコが健康にもたらすメリットは皆無であるか、ほぼなきに等しいこともわかっています。

　また、以前は非常に稀な症例であった肺癌（腺癌）が増える傾向にあります。このタイプの癌は肺の極細の気道に影響を及ぼし、ライトやウルトラ・ライトなどの喫煙や、補償喫煙と密接な関係があると見られています【＊46】（補償喫煙のように喫煙者が回数多く喫煙するのは、体内に入るニコチン量が少ない種類のタバコからより多くのニコチンを体内に取り込もうとするためです。これによって肺により深くニコチンを吸入することになります）。以上は、"ライト"喫煙者の大多数を占める女性たちの間で多く見られる現象であり、ティーンエイジャーの女の子たちは、こうした女性たちと逆の喫煙方法をとっています。つまり、女の子たちにとって"ライト"タバコは、ニコチン依存症に陥って強いタバコに移行する前の、いわば"導入"の役割を果たしているのです。"ライト"タバコはタバコへの導入の役割を果たし、ひとびとの禁煙を妨げているにもかかわらず、低タールタバコは最大規模の市場の１つを形成し、現代人の健康に深刻な問題を投げかけています。

　マイルドや低タールブランドの存在が、「タバコをやめない理由」の筆頭にあげられます。ブラウン・アンド・ウィリアムソンのマイルドと低タールブランドの紹介文書には、こう書かれています。

「２通りの喫煙方法について：健康に気を配る喫煙者は、昼はプレミアを吸いますが、『量を減らすために』夜はプレミアⅢに切り替えます。同様に、妻はプレミアⅢを吸い、ウィンストンを吸っている夫のためにプレミアを購入します。（これで、彼女はたまにこっ

第8章 「女性」という最後の巨大市場

そりとプレミアを吸うことができるわけです)」

「タバコ業界の広報より：ブラウン・アンド・ウィリアムソンは、でき得る限り"低タール"の味に多様性をもたせるように努力しているようだ。喫煙者に選択肢を与えれば、大切な喫煙者に自社ブランドを吸い続けてもらうことができるし、選択肢を与えることで喫煙量の減少が防げるわけだ」

「喫煙者に選択肢を与え、禁煙など必要ない、という理由を見つけてやろう」　（ブラウン・アンド・ウィリアムソン　1979年）【*47】

女性は「健康に関心が高い」にもかかわらず、「禁煙しない傾向が高い」ようです。ブラウン・アンド・ウィリアムソンの「女性喫煙者の調査」と題された文書は、こんな内容になっていました。

「女性は、喫煙のきっかけとなるような場面がもっとたくさんあればいいと考えています。女性は喫煙することに不安を感じながらも、社会的な交流の場での喫煙を望み、タバコをやめようとする傾向はあまり見られません」
　　　　　　（ブラウン・アンド・ウィリアムソン　1990年）【*48】

「ニュー・バージニア・ライト・スリム」に関するフィリップモリスの文書には、次のように書かれていました。

「アメリカでナンバーワンのタバコであるバージニア・スリムは、2種類の市場傾向を利用して女性に向けて作られ、他のどのブランドも追随を許さない独走状態にあります。今や、女性が低タール喫煙

者の大多数を占め、女性喫煙者のうちほぼ半数が低タールタバコに切り替えるまでになっているのです」【*49】

女性は低タールタバコを、「タバコから受ける害を減らすための"重要なステップ"」として捉えているようです。BATは、こうした女性の喫煙に対する姿勢を「女性喫煙者の社会的傾向」というタイトルでまとめています。

「① 喫煙に非常に気を配っている。
② 積極的に新しいタバコのブランドを探している。
③ 男性と女性にはそれぞれ違うタバコがあって然るべきだと信じている。
④ 時に女性はタバコを楽しみだと感じている。
⑤ 適度なら、タバコを楽しみとすることも受け入れている。
⑥ 低タールと低ニコチンのタバコを、健康への害を減らすための重要なステップと捉えている」　　　　　（1981年）【*50】

しかし、"ライト"は結局"ぺてん"だったのです。1978年、BATは低タールタバコが大衆に誤解を与えていることを認めました。

「短いスパンで捉えたとしても、体内へのタール供給量が少ないブランドに切り替えるべきです。今やそう提言できる十分な証拠があがっているのです。通常、タバコ常習者が今まで吸っていたものよりも（タールやニコチンの）供給量が少ないブランドに切り替えると、その量の差異に応じて補償喫煙をするようになります。そして、もし（タールやニコチンの）供給量が少ないタバコの中でも、ニコチンに比べてタール供給量のほうが多いブランドを選んだとした

ら、……その喫煙者は、以前と同量のニコチンを摂取するために、吸入するタールやガスの量が増えることになるのです」

ほかにも資料が見られます。

ASHの報告書 "Why Low tar Cigarettes Don't Work and How the Tobacco Industry Fooled the Smoking Public"（「なぜ低タールタバコに効果がないのか、そしていかにしてタバコ産業が喫煙者たちを侮ってきてきたか」）が参考になります。

女性の喫煙と健康

タバコの煙は性別は関係なくひとびとの体を蝕み、喫煙者のうち50％が肺癌、心疾患、慢性気管支炎などで命を落としています。その一方で、女性の体に特有な症状も数多く見受けられます。たとえば、子宮頚癌で死亡した人の29％は喫煙が原因となっています【*51】。喫煙しながら経口避妊薬を同時に摂取すると、心疾患になる危険性は通常の10倍にものぼります【*52】。妊娠中の喫煙は身体に深刻な影響を及ぼしますが、女性の喫煙率が男性に比べて低い国ですら、その表向きの数字からは予測できないほど、女性は受動喫煙の害にさらされているのです（喫煙者のほとんどが、周りのからの二次喫煙にさらされているわけですが、この事実は"受動喫煙"という言葉ではとらえられていません）。

大衆の健康を犠牲にしてでも利益をあげようとするのがタバコ産業です。彼らは、自分たちを守るために持ちうる限りの力を使い、タバコの害について否定し続けてきました。次に示す文書や発言から、タバコ産業は「一般に"男性の病気"だといわれてきた肺癌や

心疾患に対して、『女性は特別な免疫力がある』という話をでっちあげようとしてきた」ことが明らかになります。

タバコ産業は、喫煙と疾患についての医学的な見解に疑問を投げかけます。タバコ・インスティテュート（米国タバコ産業の広報本部）が制作した文書『女性と喫煙に関する概要』には次のように書かれていました。

概要：経口避妊薬
「心臓血管の疾患（循環器系疾患）発生における、経口避妊薬とタバコの相互作用のメカニズムとはどんなものか？」
「いくつかの研究結果を参照すると、ほんの少数の人が心筋梗塞を患っていることが読み取れる。しかし、こんな限られた数のデータから、世の中で言われているような喫煙の影響について、信頼できる結論を導き出せるわけがないだろう？」

経口避妊薬の使用と「喫煙が原因となることもなく、与えるはずもない影響」を受けている可能性のある疾患について、研究を進めていきます。しかし、経口避妊薬を使用しながら喫煙することによって起こる疾病についての研究では、まだその因果関係は解明されていません。

「喫煙をしながら経口避妊薬を併用することで、いくつかの疾病にかかると考えられている。そこで、疫学研究に基づいた調査が行われ、喫煙がこうした疾病の原因となっていることが証明された。けれども、疫学調査がその原因と結果の関係性を立証できるわけがない。なによりも、喫煙と経口避妊薬の併用が疾病を引き起こすという生物学上のメカニズムは、まだ科学的に説明されてはいないのだ」

第8章　「女性」という最後の巨大市場

(タバコ・インスティテュート　1980年)【*53】

同文書に、女性の冠動脈性疾患（CHD）への記述もありますが、喫煙が心疾患にもたらす影響は「まだ明らかになっていません」。

「喫煙が心疾患の原因になるというメカニズムは、果たして実験で証明されているだろうか？」

「……（喫煙が）危険を生み出す可能性があるとしても、CHDとの因果関係はまだ明らかになっていない。確かなのは、あらゆる心疾患の原因の中で『まさにこれだ』という原因が、いまだ立証されていないということである」
(タバコ・インスティテュート　1980年)【*54】

女性の肺癌について次のようなコメントが見られるように、喫煙と女性の肺癌増加の関係性は重視されていません。

「第一の疑問は、本当に報告されているほど肺癌は増加しているのかということである。もしかすると、ただ検出能力が上がっただけかもしれない。診断の技術が進歩したうえ、肺癌への関心が高まったために、こうした数値が上昇しているにすぎないのではないだろうか。だから、女性の喫煙人口の大幅な"増加"を（肺癌率増加の原因として）軽率に非難することなどできるわけがない」

「データから、肺癌のパターンに関する矛盾点も読み取れるようだ。ほとんどの喫煙者には、どんなタイプの肺癌の症状も見られないし、逆に喫煙者に最も多い肺癌（類表皮腫）は、非喫煙者も発症してい

る。そこで研究者たちは、非喫煙者の間でも肺癌の発生率が上昇していることに着目するのである」

「肺癌の原因として、喫煙以外の因子も疑ってかかるべきだ。たとえば、空気汚染、性別（女性ではなく男性であること）、職業上の危険性、肺癌にかかった家族の既往症、などがあげられる。一流の医師によると、肺癌の発生率は性別や国籍に影響されることが多く、タバコが影響していると明言はできないという」

（タバコ・インスティテュート　1980年）【*55】

　胎児への影響についても疑問を投げかけられますが、タバコ産業は母親の喫煙について次のように語っています。

「最近の研究結果にあるような、母親の喫煙と胎児や出産への悪影響の統計学上の関連性を見ても、喫煙がこうした問題を引き起こしていることを証明しうるだろうか？」

「母親の喫煙は、妊娠結果にさまざまな影響を及ぼすと科学文献では報告されている。そこには、未熟児、死産、死亡胎児、先天奇形、流産、出産後の身体・知能の遅れといったものが含まれている。しかしこうした報告は、母親の喫煙がここに挙げられているような出産状況の原因だという証明にはなっていない」

「"妊婦の喫煙が胎児に影響を及ぼすメカニズム"に関する理論には、こんな話が記されている。母親の子宮動静脈におけるニコチンの作用。ニコチンが胎児に直接作用すると、胎児の新陳代謝が活発になり、非常に多くの栄養を必要とするようになる。これによって母親

の体重増加を妨げ、必要不可欠な栄養素の摂取を減少させる。しかも一酸化炭素ヘモグロビンのレベル上昇を伴うため、胎児の慢性的な低酸素状態を引き起こす。しかし、こうした病理のいずれも実証されていないことを強調しておきたい。すべては憶測にすぎない」

「妊娠期間中の喫煙に関する最近の批判記事を読むと、妊娠期間中に喫煙することで起こりうるさまざまな問題に対して、十分な配慮が必要だと語っている。母親の喫煙について（胎児に影響するという）結論が出ないうちに、こうした因子に慎重に対応しておくべきである」　　　　　　　　　（タバコ・インスティテュート　1980年）【*56】

　喫煙を気管支炎の原因として攻めたてれば、本質的な研究結果をもみ消すことになります。そのため、ついには気管支炎（COPD＝Chronic Obstructive Pulmonary Diseas＝慢性閉塞性肺疾患）にまでそのコメントは及ぶようになります。

概要：COPD（慢性閉塞性肺疾患）

「タバコを吸うことで肺の疾患が起こるかもしれないというメカニズムには、主に３つの理論が存在する。しかし、このうちの１つでも正論だと証明されたものがあるだろうか？」

「喫煙がまさにCOPDの原因であると公表すれば、本質的な研究結果をもみ消すことに一役買ってくれるはずだ」
　　　　　　　　　　　　　（タバコ・インスティテュート　1980年）【*57】

　なぜ妊娠中の女性の喫煙をやめさせようとするのでしょうか？女性と健康についてのタバコ産業の対策は、BATの広報のポリシー

について書かれた文書に、最もよくまとめられています。その草稿と最終的な文書を比較すると、次のような矛盾が見られます。

ポリシーの草稿
　「次のような喫煙を奨励しません
　　1．子供の喫煙
　　2．妊娠中の女性の喫煙
　　3．過剰な喫煙」

最終的な内容
　「次のような喫煙を奨励しません
　　1．子供の喫煙
　　2．過剰な喫煙」

　　　　　　　　　　　（ミネソタ裁判の公開資料　1974年）【※58】

　妊娠中の女性が喫煙した場合の問題点を公表すると、妊娠中の女性またはその赤ん坊に訴えられる可能性があり、これによって健康に危険を及ぼすと認めることになります。弁護士にとっては、ヘビースモーカーや子供の喫煙者を相手にしたほうが、ずっと簡単にタバコ会社を弁護できると考えたわけです。

第三世界の女性を狙え

「喜ばしい知らせがある。タバコの害が表ざたになるなど、タバコ産業にとって悲観的な状況下にありながら、『タバコ・リポーター』はアジア市場に関して楽観的な見方を続けている。しかも、驚くな

> かれ！ この楽観主義には複数の理由があるというのだ。『この状況は、タバコ市場に潜在する強さを根本から揺るがすものではない……』と、あるインドネシアの情報源も伝えている。人口が増加し、女性の喫煙を容認する傾向が高まる中、1人当たりのタバコの消費量は上昇し、新たな需要を生み出しているのである」
>
> (『タバコ・リポーター』 1998年)【*59】

　先進国では、一部の10代の女の子の間で喫煙率が上昇しているにもかかわらず、女性全体の喫煙率は下降傾向にあります。一方、世界の人口の80％が住む第三世界では、女性の喫煙率は急スピードで上昇しています。1970年から1994年までの間に、先進国では1人当たりのタバコ消費量が10％下落したのに対し、第三世界では、67％上昇しています。2030年までに、第三世界における喫煙を原因とした死亡率は600％と驚異的な勢いで上昇すると見られています。つまり、年間100万人から700万人もの人が死亡することになるわけです。

　女性喫煙者の増加によって、女性の死亡率は2020年までに2倍になり、その喫煙率は2024年までには現在の7％から20％に上昇すると見られています。疫病のように蔓延するタバコは、西側諸国のタバコ会社が第三諸国に"輸出"しているものです。つまり、西側諸国でタバコ広告の規制が厳しくなり、喫煙に対する一般のひとびとの関心が高まったため、タバコ産業は第三諸国に目を向けるようになったというわけです。

　WHOは、第三世界では男性の喫煙率48％に対して女性の喫煙率は7％であると推定しています。そこで当然のように、女性と子供は新しい市場を開拓しようとする企業の主なターゲットとなりました。タバコ会社は、女性や子供の層をターゲットにするために、自国では違法な販売促進の手法を展開しているという証拠もあります。

中国は特に興味深いケースだと考えられます。なぜなら、女性の間でのタバコの流行が世界で最も遅れており、しかも若い女性の間での喫煙率はたった1％にとどまっているからです【※60】。タバコ産業にとって、中国は残された唯一かつ最大の市場を開拓するチャンスだと考えられるわけです。市場開拓のチャンスがあるということは、つまり世界で唯一かつ最悪の規模で健康の危機に脅かされていることを示しています。

タバコ産業は、タバコを販売する市場の隙間を持つ、中国女性に向けたタバコを開発していきます。中国企業が模倣する西側諸国のマーケティング戦略について、『ワールド・タバコ』は次のように報告しています。

> 「世の中の批判を集めているにもかかわらず、女性をターゲットにした2種類の新しい中国製タバコは、発売以来、タバコそのものの力で市場の適所に入り込みました。中国のタバコ産業は、念頭にある特定の消費者層とともに製品開発を行ったのです」

"かわいらしい女性"というイメージで、低タールやスリムを販売促進していきます。

> 「『チャファ』と『ユーレン』はそれぞれのタールの量が12mgと15mgという計測量が出ており、他の国内産タバコの18mgよりも低いため、低タール製品として販売促進していくこととする」

> 「『ユーレン』はスリムで白いフィルターをつけた、マイルドなテイストのタバコである。ドゥームのポエムの言葉を借りれば、"ユー

第8章　「女性」という最後の巨大市場

レン"とは、かわいい女性を意味している」

　エコノミストたちは、新しい市場のタバコに対する反応に満足していました。

> 「タバコ会社2社が、信頼を置くエコノミストたちからも、より深く市場に根ざした活動に対する支持の声があがっている」
> 　　　　　　　　　　　　（『ワールド・タバコ』　1998年）【*61】

> 「中国には、今や3000万人の女性喫煙者が存在するにもかかわらず、今まで女性に向けてデザインされたタバコが生産されていなかった。そこで、女性喫煙者たちは輸入タバコを吸ったり、女性向けのタバコを秘密裏に持ち込んだりしていたのである」
> 　　　　　　　　　　　　（『ワールド・タバコ』　1998年）【*62】

　新しい女性喫煙者を市場に取り込むために、無料のタバコを配り、"ゴールデン・ガールズ"を利用したキャンペーンを展開します。タムシン・シーモンは"ゴールデン・ガールズ"（金色のサリーを着た美しいモデルたち）を使うことを思いつき、スリランカのディスコでの販売促進で成功を収めました。現在、スリランカの女性のうちまだ1％が喫煙しているにすぎません。

> 「深夜近くにディスコに入ったの。そこですぐにゴールデン・ガールが私に近寄ってきて、1箱のタバコを差し出したわ。『さあ、1本とって……どうぞ吸ってちょうだい、私は今ここであなたがタバコを吸うところを見たいのよ』って」

「ベンソン・アンド・ヘッジとゴールデン・トーン・ライトのたくさんの箱に光が当てられて、まるで花飾りみたいに繋がって壁に飾られていたの。それで、レーザービームでベンソンの文字が壁に描かれて……音楽は洋楽トップテンに入ったダンスヒット・ナンバーがかかっていて……女の子たちはチケットを持っていなかったから、男の子たちだけが明るい黄色のベンソン・アンド・ヘッジのキーリング、シャツ、キャップなんかを当てていたわ。男の子の入場料は250ルピーで、女の子は無料だったのよ」

（『ワールド・デベロップメント・ムーブメント』 1998年）【*63】

　フィリップモリスとR. J. レイノルズは、香港の女性市場を獲得するためにキャンペーンを繰り広げました。1992年の香港では、40歳以下の女性のうちたった1％が喫煙していたにすぎません。バージニア・スリムはあらゆる広告キャンペーンを展開し、あるタバコはファッション・ショーのスポンサーとなり、セーラム・アティチュードは明らかに若い女の子に向けて販売されました。

（『ワールド・デベロップメント・ムーブメント』 1998年）【*64】

第8章 「女性」という最後の巨大市場
<解説>

　1998年、神戸市で、世界保健機関WHO主催のタバコ問題に関する国際会議が開かれました。神戸の美しい夜景が見えるホテルで演説したWHO事務局長で元ノルウェー首相のグロ・ハルレム・ブルントラントさんは、私（津田）から見ると実に力強くタバコ産業との戦いについて語っていました。女性事務局長の演説は、とてもりりしく、格好よいものでした。

　ところで私はこの時、タバコ産業が女性と子供をターゲットにしていること、そして、それまでの自分のタバコ問題に対する認識が実に甘かったことを思い知らされました。公衆衛生関係者であることを自ら認識し、公衆衛生においてはタバコ問題が最大の課題であることをわかっていながら、当時の私の認識はWHOが持っていた危機感と比べると、甘すぎたと言わざるを得ません。

　この時までの私は、タバコ問題については依存性の問題が重要だという認識はありました。しかしそれでもタバコ問題は基本的には喫煙者の問題であり、公衆衛生関係者としてはタバコが人体に及ぼす健康影響を、能動喫煙と受動喫煙とに分けて正確に伝えることが仕事だと思っていました。そして、自分はと言えば、できるだけ受動喫煙を避ければよいという程度でした。なぜならタバコ会社の社長たちがアメリカ議会の公聴会で証言させられたことは知っていたものの、タバコ産業が本書に示してきたような周到なマーケティング戦略を用いて依存性を利用しながら、女性、子供、あるいは人種や国家体制別にターゲットを絞って、販売戦略を繰り出していたという事実をまったく知らなかったからです。

そしてこの会議をきっかけに、私はまさしくそのことを徐々に知り始めることとなりました。タバコ問題の核心と根深さを。

本章はタイトルに「女性」と入ってはいるとはいえ、タバコ産業による販売戦略全体の問題をカバーしています。タバコ産業は、タバコを効率よく売りさばける未成熟な市場がないかといつも目を光らせています。そしてそれが「女性」だっただけです。これに、「発展途上国」「子ども」「マイノリティ」などのキーワードが組み合わされれば組み合わされるほど、ますますタバコを効率よく売りさばける見込みが出てきます。

タバコ産業は、タバコを売りさばくためには何でも利用します。子どもが大人の世界にあこがれる気持ち、庶民がちょっとした贅沢をしたい気持ち、マイノリティがマジョリティに対して抱く反感、そして女性が自立や解放へと示す意志——。かつてタバコ会社は、黒人向けに「マルコムX」という銘柄のタバコを売り出したくらいです。消費者の微妙な心理を読むのはお得意です。黒人解放運動の闘士マルコムXも、草葉の陰で苦笑するほかありません。

逆にタバコ産業の銘柄に関係づけられた大衆運動は、それだけ大衆の心を掴んでいると自信を持ってもいいのかもしれません。反タバコ運動に取り組んでいる市民活動も、「クイット・スモーキング」（喫煙、やめましょう）なんて銘柄のタバコがカッコよく売り出されたら、それこそ反タバコ運動も大衆に浸透しきった運動になった証しとなるかもしれません。タバコ産業さん、考慮されてみてはいかがですか？　反タバコ運動は最近結構カッコいいですよ。

さて、タバコ問題に対して社会が真剣に取り組んでいる米国では、テレビ局もタバコ問題に対して非常に踏み込んだ番組を企画しました。私は今、アメリカ三大ネットワークの1つABCテレビが制作した女性とタバコの問題に関するビデオを見ながらこの原稿を作成し

第8章 「女性」という最後の巨大市場

ています。最近アメリカでは、公の場での広告規制で追放されたタバコ産業が、ライブハウスでのディスクジョッキーのコンテストなどのショーを主催し、タバコの無料サンプルを配っているようです。無料でサンプルを配っても、依存症になってくれれば後でガッポリです。会場にはクール、キャメル、ラッキー・ストライクのロゴが見えます。

　一般に女性の癌というと、乳癌や子宮癌が連想されますが、2001年に日本国内で乳癌で亡くなった女性は9654人、子宮癌は全部あわせて5200人です。これに対して肺癌でなくなった女性は1万5122人で、この多くが喫煙による発症と推定できます。女性は男性に比べタバコによる健康影響が出やすい傾向にあります。

　また女性はタバコ依存症にもなりやすいようです。女性ホルモンとの関係や、女性の体格を考えれば納得がゆきます。また、日本をはじめとするアジアの女性には特殊事情があります。もともと女性の喫煙率が低いのです。これはタバコ産業からするとまだまだ未開拓な市場が広がっているように見えます。「女性の喫煙者は手強いですよ。なめたらいけません」と強調する女医の薗はじめ先生の禁煙外来には、軽い気持ちで吸い始めたもののやめられなくなった女性がたくさん訪れるようです。でも禁煙するのはなかなか難く、吸い始めないように工夫するほうが簡単です。

　米国映画では最近でもまだ、俳優が格好よくタバコを吸っている場面を見かけます。『アメリカン・ビューティー』、『グッド・ウィル・ハンティング～旅立ち～』など、私も知っている映画のタイトルが続きます。『メン・イン・ブラック』でモンスターが運んでいるタバコと、ジュリア・ロバーツさんが吸っているタバコのブランドは、同じマルボロです。あこがれの女優の小雪さんがテレビドラマでタバコを吸おうとしているのを見て、私も思わずライターを捜し

てしまいましたが、"チャッカマン"しかありませんでした。タバコ産業は生活のあらゆる場面にタバコを織り込もうと努力します。

　肺癌、喉頭癌をはじめとするさまざまな癌や、心臓病などの健康影響だけでなく、女性の喫煙は胎児への影響があります。胎児への影響は環境ホルモンなどであれだけ問題視されるのに、タバコによる胎児・乳児への影響ははっきり表れているにもかかわらず、まるでないかの如くとり扱われています。喫煙により未熟児、死産、低出生体重児、知能発達の遅れ、乳児突然死症候群などが多発します。出生全体の中で低出生体重児の占める割合は、全国でも私の住む岡山県でも増加し続けています。つまり、女性の喫煙率の増加が統計全体にも表れているのです。

　また最近、イギリス医師会がタバコの生殖機能への影響を発表しました。女性では妊娠率が40％低下し、男性では12万人もタバコにより性的不能に陥っているというのです。少子化問題に悩む我が国では深刻な問題です。「報告書は、①職場で受動喫煙の被害を受けないことを保証されない女性には、妊娠中、自宅で仕事をすることを認める、②マスコミは喫煙をかっこいい行為と扱わない、③公共の場所のうち、密閉されたところは禁煙とする──などの措置を求めている」と、AFP通信はこのニュースを伝えています。最近解禁されたピルも喫煙の心臓血管への悪影響を増強します。でも、ピルを使わないよりも、タバコを吸わないようにするほうが賢明な選択でしょう。

　喫煙がダイエットに良いというので販売戦略に使われたことがありましたが、ダイエットに良いどころか、喫煙は美容の大敵です。肌荒れ、しみ、歯と歯茎の病気、しわが増加するなどの影響はよく知られています。双子の片方が喫煙者だった場合の写真を見比べれば一目瞭然という研究もあります。

第8章 「女性」という最後の巨大市場

　女性解放運動がアメリカで盛んになった頃、女性向けのブランドタバコが売り出されました。バージニア・スリムとイヴです。その後、リッツ、サティン、モアなどのタバコなども発売されました。その次にきたのが、低タールタバコです。これにも女性は飛びつきましたが、低タールタバコが巧妙に設計された何の効果もない製品であることはすでに紹介した通りです。"ライト"と名づけられたタバコは、タバコの害を減らしたり、タバコをやめようとする女性の心理までも利用してタバコを売りつけようとするステップであることも本章からわかります。

　タバコへの依存を小児科の病気として見るべきことも、本書は強調しました。アメリカABCの特集でも、女性の喫煙年齢がどんどん低年齢化していることが示されています。13歳、12歳、9歳……。未成年者はタバコを、自己実現の道具とか、反抗的な意思の表明とか、自立というようなイメージで仲間に誘われるままに手を出してしまいます。未成年者に対しては、「タバコは大人の吸うもの」なんて注意するようなありきたりな言い方ではなく、「ガキのおしゃぶりはそろそろ卒業しな」とか「赤ん坊じゃないんだからおしゃぶりなしに自立しな」とでも言ってあげるほうが、正確な情報が伝わるかもしれません。依存症を巧みに利用しないと成り立たないのがタバコ産業ですから。

　2004年のバレンタインデーに時事通信が伝えたニュースでは、異性の喫煙を「クール」「大人っぽい」とプラスイメージでとらえる人は全体の1割にとどまっていたそうです（ファイザー製薬調べ）。私はまだ1割もいるのかと驚きましたが、時事通信の論調は逆に意外に少ないという感じでした。最後に2002年に発表された国際がん研究機関の能動喫煙による発癌影響について記された箇所をお見せします。

受動喫煙によるヒトへの発癌性に関する国際がん研究機関IARCの宣言

　フランスのリヨンにあるWHOの組織であるIARC（国際癌研究機関）の「モノグラフズ・プログラム」により12ヵ国から29人の専門家ワーキンググループが召集されました。そして能動喫煙および受動喫煙と癌の因果関係の証拠となりうる全ての重要な研究を評価しました。能動喫煙による発癌効果は1986年、初期のワーキンググループによって、明白に発癌性があると結論づけられました。そして、今、受動喫煙の発癌性の評価により、受動喫煙は人間への発癌性を有すると結論されました。

＜健康に与える影響は甚大＞

　要約するとタバコの流行は大規模な被害をもたらしています。喫煙者の半数はタバコ関連疾患により死亡します。タバコによる死亡は半数が中年期（35～69歳）であり、タバコが原因で死亡する喫煙者は平均寿命と比べて20～25歳寿命が短くなっています。タバコは発展途上国および女性の間で大流行しています。世界ではタバコによる癌で年間数百万人が死亡しています。タバコは心疾患、呼吸器疾患、脳卒中の原因となり若死を誘引し、それらの疾患による死亡数の合計は癌で死亡する者の数より多いのです。タバコは予防し得る最も大きな癌の原因です。

　不幸にも、我々が喫煙と癌の因果関係を調査すればするほど、我々が想像していた以上に喫煙と癌の因果関係は強く、喫煙はさまざまな臓器の癌の原因であることが明らかになりました。

＜喫煙はさまざまな内臓の癌の原因＞

　ワーキンググループはモノグラフの中で、タバコが原因である癌のリストに胃癌、肝臓癌、子宮頸癌、腎癌（腎細胞癌）、骨髄性白血病を追加しました。世界中でよく知られている癌です。

　さらにタバコの発癌性は既知の発癌性物質の曝露により著しく増強され、さまざまな臓器の癌を引き起こすことが明らかになりました。

第8章 「女性」という最後の巨大市場

＜タバコの種類＞
　タバコには紙巻タバコ以外にもさまざまな種類があります。たとえば、パイプ、bidis（南アジアで広まっており、米国でも流行しつつあるインド式タバコ。少量の葉タバコを緑茶色の葉で包んだもの）なども肺癌、頭部の癌、頸部の癌、その他、さまざまな癌の原因となります。

＜若い時からの喫煙はより危険です＞
　喫煙期間が長ければ長いほど喫煙者の危険は増大します。世界中の若者が若年時から喫煙を始める傾向があり、彼ら彼女らは人生の後半で大きな危険に直面することになります。

＜タバコを吸うな！　あなたが喫煙者なら禁煙しなさい＞
　決してタバコを吸い始めないことが最良の選択肢です。今後数十年間の世界での癌死亡数は、禁煙で発癌の危険を低下させることで、減少できます。
　どの銘柄のタバコを吸っても有害性はほとんど変わりません。幸運にも、禁煙は全ての年齢の喫煙者に利益をもたらす科学的証拠があります。もし、30歳代の初めまでに禁煙できればタバコによる大部分の有害な影響を避けることが可能です。しかし、たとえ人生後半で禁煙に成功したとしても危険は減少します。仕事中は禁煙しましょう。

＜男性と女性＞
　男性でも女性でもタバコを吸い続ければ肺癌の危険が高まります。米国と英国（かつては多くの女性が喫煙していた）の研究では男性・女性ともに肺癌の約90％はタバコが原因です。

（以上、切明 義孝 訳）

References

第1章

1. S. J Green, BAT, 1980
2. Health Education Authority. London, December 1996. Unpublished.
3. Office of National Statistics, 1998. General Register Office for Scotland, 1998. Northern Ireland Statistics and Research Agency, 1998. Figures for 1996.
4. Scientific Committee on Tobacco and Health, 1998. See para 1.5 page 17.
5. Peto R., Lopez A., Boreham J. et al. Mortality from Smoking in Developed Countries 1950−2000, Oxford, ICRF and WHO. OUP, 1994. Updated 1997.
6. Peto R., Lopez A., Boreham J. 1994. op cit.
7. US Surgeon General, Smoking and Health, 1988.
8. Dr. Bradford Hill, Letter quoted in Central Health Services Council, Standing Cancer and Radiotherapy Advisory Committee, Note by the Secretary, 1952, May
9. P. J. Hilts, Smokescreen−The Truth Behind the Tobacco Industry Cover−Up, 1996, Addison Wesley, p4; R. Kluger, Ashes to Ashes−America's Hundred−Year Cigarette War, the Public Health, and the Unabashed Triumph of Philip Morris, Alfred A. Knopf, New York, 1996, p161−2
10. C. Teague, RJ Reynolds, Survey of Cancer Research with Emphasis Upon Possible Carcinogens from Tobacco, 1953, 2 February
11. B. Goss, Hill and Knowlton: Background Material on the Cigarette Industry Client, Minutes of Meeting, 1953, 15 December 〔Minn. Trial Exhibit 18,905〕
12. Hill and Knowlton, Memo, 1953, December; quoted on www. tobacco.org
13. TIRC, A Frank Statement to Cigarette Smokers, 4 January 1954.
14. Comments on the Frank Statement to the Public by the Makers of Cigarettes, 1953, 26 December [L&D RJR/BAT 1]
15. Minister of Health, Memorandum on Tobacco Smoking and Cancer of the Lung to the Cabinet Home Affairs Committee, 1954, 26 January 〔L&D Gov/Pro 25〕
16. Quoted in Report of Special Master: Findings of Fact, Conclusions of Law and Recommendations Regarding Non−Liggett Privilege Claims, Minnesota Trial Court File Number C1−94−8565, 1998, 8 March, quoting Pioneer Press, 1954, 24 October
17. P. Pringle, Dirty Business−Big Tobacco at the Bar of Justice, Aurum Press, 1998, p130−1
18. RD 14 Smoke Group Programme for Coming 12−16 Week Period, Southampton Research and Development Establishment [R&DE], British American Tobacco Company, Ltd, 1957
19. Report on Visit to USA and Canada by H R. Bentley, DGI Felton and WW Reid of BAT, 1958, 17 April−12 May 〔Minn. Trial Exhibit 11,028〕
20. P. J. Hilts, Smokescreen−The Truth Behind the Tobacco Industry Cover−Up,

1996, Addison Wesley, p26 quoting C. V. Mace, Memo to R. N. DuPuis, untitled, 1958, 24 July
21. E J Partridge, Letter to Sir John Hawton, 1956, 9 March
22. P. J. Hilts, Smokescreen — The Truth Behind the Tobacco Industry Cover — Up, 1996, Addison Wesley, p25 quoting A. D. Little, Confidential Limited Memo, L& M — A Perspective Review, 1961, 15 March
23. A. Rodgman, A Critical and Objective Appraisal of The Smoking and Health Problem, 1962, {Minn. Trial Exhibit 18,187}
24. Royal College of Physicians, Smoking and Health. A Report of the Royal College of Physicians on Smoking in Relation to Cancer of the Lung and Other Diseases, Pitman Medical Publishing Company, 1962, p43
25. US Department of Health, Education and Welfare, Smoking and Health, Report of the Advisory Committee to the Surgeon — General of the Public Health Service, US Department of Health, Education and Welfare, 1964, Public Health Service Publication No 1103
26. A. Yeaman, Implications of Battelle Hippo 1 & 11 and the Griffith Filter, 1963, 17 July, Memo {1802.05}
27. P. Rogers, G. Todd, Strictly Confidential, Reports on Policy Aspects of the Smoking and Health Situations in USA, 1964, October
28. Howard Cullman, board member Philip Morris, 1964. Cited in R. Kluger, Ashes to Ashes — America's Hundred — Year Cigarette War, the Public Health, and the Unabashed Triumph of Philip Morris, Alfred A. Knopf, New York, 1996, p260
29. B&W, Internal Letter, 1968, 19 January {Minn. Trial Exhibit 21,804}
30. S. Karnowski, 'Gentlemen's Agreement' is one key to State's Tobacco Case, AP/Minneapolis — St. Paul Star Tribune, 1998, 23 February; H. Wakeham, Need for Biological Research by Philip Morris, Research and Development, undated {Minn. Trial Exhibit. 2544}
31. R. Kluger, Ashes to Ashes — America's Hundred — Year Cigarette War, the Public Health, and the Unabashed Triumph of Philip Morris, Alfred A. Knopf, New York, 1996, p324 quoting C. Thompson, Memo to Kloepfer, 1968 18 October [Cipollone 2725]
32. H. Wakeham, Best Program for CTR, 1970, 8 December {Minn. Trial Exhibit 11,586}
33. R. Kluger, Ashes to Ashes — America's Hundred — Year Cigarette War, the Public Health, and the Unabashed Triumph of Philip Morris, Alfred A. Knopf, New York, 1996, p325 quoting Duns Review, 1968, April
34. Gallaher Limited, Re, Auerbach/Hammond Beagle Experiment, 1970, 3 April {Minn trial exhibit 21,905]
35. Gallaher Group plc. News Release, 16th March 1998, Gallaher: the facts.

36. Imperial Tobacco quoted in the Financial Times, Revelation may hit tobacco shares, 16th March 1998.
37. BBC Panorama, 1993, 10 May
38. G.C. Hargrove, Smoking and Health, 1970, 12 June [L&D BAT 9]
39. S. J. Green, The Association of Smoking and Disease, 1972, 26 July [L&D BAT 16]
40. F. Panzer, Memorandum Re The Roper Proposal, 1972, 1 May [L&D BAT 15]
41. B&W, Presentation called The Smoking／Health Controversy: A View from the Other Side, 1971, 8 February |BW−W2−03113| |L&D BAT file 4|
42. S. Green, Cigarette Smoking and Causal Relationships, 1976, 27 October |2231.07| ; .S. Green, Smoking, Associated Diseases and Causality, 1980, 1 January
43. Sir John Partridge, Chairman of Imperial, Answers Questions Put at the AGM by ASH, 1975 [L&D Imp 23]
44. Thames Television, Death in the West, 1976
45. BAT, Secret − Appreciation, 1980, 16 May [L&D RJR／BAT 8]
46. A Report of the Surgeon − General, The Health Consequences of Smoking. Cancer, US Department of Health, and Human Service, 1982, pxi
47. Tobacco Institute of Hong Kong Limited, Introducing the Tobacco Institute, 1989, March [C.7]
48. R. Kluger, Ashes to Ashes − America's Hundred − Year Cigarette War, the Public Health, and the Unabashed Triumph of Philip Morris, Alfred A. Knopf, New York, 1996, p676
49. Thames TV, First Tuesday, Tobacco Wars, 1992, 2 June
50. J. Castanoso, Man Who Once Helped Now Criticises Reynolds, News and Record [Greensboro] , 1992, 26 − 28 September
51. M. Walker, Testimony at the Minnesota Trial, 1998 |Minn.Att.Gen|
52. D. Shaffer, No proof that Smoking Causes Disease, Tobacco Chief Says, Pioneer Press, 1998, 3 March
53. John Carlisle, Tobacco Manufacturers Association, Punch, 11 April 1998.
54. BBC Radio 4, Today, 16 March 1998. John Carlisle of the TMA, interviewed by Sue Macgregor. Transcript by Broadcast Monitoring Company.

第2章

1. Memo from Knopick to Kloepfer, Tobacco Institute, 9 September 1980. |Minn. Trial Exhibit 14,303| .
2. Report of the Scientific Committee on Tobacco and Health (1998) UK

References

Government, Department of Health, March 1998. Para 1.30, Page 23.
3. I. P. Stoleman, M. J. Jarvis, The scientific case that nicotine is addictive. Psychopharmacology (1995) 117:2 2 – 10.
4. Stoleman and Jarvis, op cit.
5. WHO (1969) Technical Report Series No 407, Geneva. Cited in Stoleman and Jarvis, op cit.
6. A. McCormick, Smoking and Health: Policy on Research, Minutes of Southampton Meeting, 1962 |1102.01|
7. A. Yeaman, Implications of Battelle Hippo 1 & 11 and the Griffith Filter, 1963, 17 July, Memo |1802.05|
8. C. Haselbach, O Libert, Final Report on Project Hippo, Battelle Memorial Institute for BAT, 1963, |1211.03|
9. S. Green, Note to Mr. D.S.F Hobson, 1967, 2 March
10. BAT, R&D Conference, Montreal, Proceedings, 1967, 24 October |1165.01| ; BAT R&D Conference Montreal, 1967, 24 – 27 October, Minutes written 8 November |Minn. Trial Exhibit 11,332|
11. R.D. Carpenter, Memo Re: RJ Reynolds Biological Facilities, 1969, 3 October |Minn. Trial Exhibit 2545|
12. Philip Morris Vice President for Research and Development, Why One Smokes, First Draft, 1969, Autumn |Minn. Trial Exhibit 3681|
13. R. R. Johnson, Comments on Nicotine, Notes of a meeting held on 30 June, 1971
14. W. Dunn, Motives and Incentives in Cigarette Smoking, Philip Morris Research Centre, 1971, |Minn – www.tobacco.org|
15. Quoted in Report of Special Master: Findings of Fact, Conclusions of Law and Recommendations Regarding Non – Liggett Privilege Claims, Minnesota Trial Court File Number C1 – 94 – 8565, 1998, 8 March, |Minn. Plaintiff's Exhibit 43 (1), RJR 500915683, p688|
16. E. Pepples, Memo to J. Blalock, 1973, 14 February
17. B&W, Secondary Source Digest,~1973 |Minn. Trial Exhibit 13,809|
18. C. Morrison, Effects of Nicotine and Its Withdrawal on the Performance of Rats on Signalled and Unsignalled Avoidance Schedules, Psychopharmacologica, 1974, No 38 [L&D UK Ind 25]
19. Hawkins, McCain & Blumenthal, Inc. Conference Report, 1977, 28 July |Minn Trial Exhibit 13,986|
20. BAT, Key Areas for Product Innovation Over the Next 10 Years, Minnesota Trial Exhibit 11,283.
21. Dr S J Green, Transcript of Note By SJ Green, 1980, 1 January [Pollock 129]
22. BAT, Brainstorming 11, What Three Radical Changes Might, Through the Agency of R&D Take Place in this Industry by the End of the Century, 1980, 11

April 〔Minn. Trial Exhibit 11,361〕
23. Quoted on Channel 4, Big Tobacco, Dispatches, 1996, 31 October
24. Philip Morris, internal presentation, 1984, 20 March
25. Quoted in R. Kluger, Ashes to Ashes − America's Hundred − Year Cigarette War, the Public Health, and the Unabashed Triumph of Philip Morris, Alfred A. Knopf, New York, 1996, p 672
26. The Tobacco Institute, Claims That Cigarettes are Addictive Contradict Common Sense, 1988, 16 May 〔Minn Trial Exhibit 14,384〕; 〔Minn Plaintiff's Exhibit 22 (1), TI 00125189, p189〕
27. Philip Morris, Draft Report into "Table", Undated but using data from 1992
28. B. Dawson, Face the Nation, 1994, 27 March 〔L&D BAT file 4〕
29. S. A.Glantz, J. Slade, L. A. Bero, P. Hanauer, D. E. Barnes, The Cigarette Papers, University of California Press, 1996, p100
30. Quoted in the Wall Street Journal, 1994, 6 October, p1 quoted in P. J. Hilts, Smokescreen − The Truth Behind the Tobacco Industry Cover − Up, 1996, Addison Wesley, p64
31. T. Stevenson, BAT Denies Smoking Claims, The Independent, 1996, 31 October, p20
32. Philip Morris, Position Statement On A Wide Range of Issues, Believed to be 1996
33. Dr. C. Proctor, BAT Industries − Smoking Gun ?, Statement in the Observer, 1998, 1 March, p13
34. Quoted in an interview in Punch magazine, 1998, 11 April.

第3章

1. P. J. Hilts, Smokescreen − The Truth Behind the Tobacco Industry Cover − Up, 1996, Addison Wesley, p77
2. P. J. Hilts, Smokescreen − The Truth Behind the Tobacco Industry Cover − Up, 1996, Addison Wesley, p67
3. R. Kluger, Ashes to Ashes − America's Hundred − Year Cigarette War, the Public Health, and the Unabashed Triumph of Philip Morris, Alfred A. Knopf, New York, 1996, p316 − 7
4. M.E. Johnston, Confidential Note Re Marlboro Market Penetration by Age and Sex, 1969, 23 May 〔Minn Trial Exhibit 2555〕
5. Philip Morris Vice President for Research and Development, Why One Smokes, First Draft, 1969, Autumn 〔Minn. Trial Exhibit 3681〕
6. RJ Reynolds, Summary of Decisions Made in MRD − ESTY Meeting, 1971, 7 April

References

{Minn. Trial Exhibit 12,258}
7. C. Teague Jnr, Research Planning Memorandum on Some Thoughts About New Brands of Cigarettes for the Youth Market, 1973, 2 February [L&D RJR/BAT 2]
8. E. Pepples, Memo to J. Blalock, 1973, 14 February {1814.01}
9. RJ Reynolds, No Title, 1973, 12 April {Minn. Trial Exhibit 24,144}
10. Philip Morris Marketing Research Department, Incidence of Smoking Cigarettes, 1973, 18 May {Minn. Trial Exhibit 11,801}
11. B&W, New Ventures Project/The New Smoker/Stage 11, 1974, September {Minn. Trial Exhibit 13,996}
12. R. J. Reynolds, Domestic Operating Goals, 1974, 26 November {Minn. Trial Exhibit 12,377}
13. B&W, Target Audience Appendix, 1974, 12 December {Minn. Trial Exhibit 13,811}
14. R.A. Pittman, Memo, 1975, 24 January {Minn. Trial Exhibit 13,724}
15. M. Johnston, The Decline in the Rate of Growth of Marlboro Red, 1975, 21 May {Minn. Trial Exhibit 2557}
16. Documents were placed in the record of the Hearings before the House Commerce Committee Sub-Committee in Oversight and Investigations, on "Cigarette Advertising and the HHS [US Department of Health and Human Services] Anti-Smoking Campaign", 1981, 25 June, Serial Number: 97-66.
17. RJ Reynolds, Tobacco Company Research Department, Secret Planning Assumptions and Forecast for the Period 1976-1986, 1976, 15 March [L&D RJR/BAT 9]
18. T. Key, Share of Smokers by Age Group, 1976, 12 August {Minn. Trial Exhibit 12,238}
19. B&W, KOOL Super Lights Menthol Hi-Fi Switching Gains Analysis, 1977, 7 March {Minn. Trial Exhibit 13,697}
20. Spitzer, Mills & Bates, The Player's Family; A Working Paper Prepared for Imperial Tobacco, 12977, 25 March, Exhibit AG-33, RJR-Macdonald Inc. v. Canada (Attorney General) ; quoted in R. Cunningham, Smoke and Mirrors, The Canadian Tobacco War, International Development Research Centre, 1996, p172
21. Kwechansky Marketing Research, Project 16, Report for Imperial Tobacco Limited, 1977, 18 October: Exhibit AG-216, RJR-MacDonald Inc. v. Canada (Attorney General) ; quoted in R. Cunningham, Smoke and Mirrors, The Canadian Tobacco War, International Development Research Centre, 1996, p166-7
22. Philip Morris, Memo, 1979 [Minn.Att.Gen]
23. M. Johnston, Re: Young Smokers-Prevalence, trends, Implications, and Related

Demographic Trends, 1981, 31 March [Minn. Trial Exhibit 10,339]
24. Quoted in T. Houston, P. Fischer, J. Richards Jnr, The Public, The Press and Tobacco Research, Tobacco Control, 1992, No1, p118-122
25. Kwechansky Marketing Research, Project Plus/Minus, Report for Imperial Tobacco Limited, 1982, 7 May: Exhibit AG-217, RJR-MacDonald Inc. v. Canada (Attorney General)
26. RJ Reynolds, "Young Adult Smokers: Strategies and Opportunities", 1984, 29 February [Minn. Trial Exhibit 12,579]
27. R. Parke, Masterminding a Special Gamble, South China Morning Post, 1984, 18 November
28. RJ Reynolds Tobacco Company, We Don't Advertise to Children, 1984
29. F. Ledwith, Does Tobacco Sports Sponsorship on Television Act as Advertising to Children ?, Health Education Journal, 1984, Vol 43, No4, p85-88
30. BAT, Tobacco: Strategy Review Team, 1985, 17 July
31. J. E. Miller, Re: Project LF Potential Year 1 Marketing Strategy, 1987, 15 October
32. J. Tye, K. Warner, S. Glantz Tobacco Advertising and Consumption: Evidence of a Causal Relationship, Journal of Public Health Policy, 1987, Winter, p492-508
33. Imperial Tobacco, Overall Market Conditions-F88, Exhibit AG-214, RJR-Macdonald v. Canada (Attorney General) ; Quoted in R. Cunningham, Smoke and Mirrors, The Canadian Tobacco War, International Development Research Centre, 1996, p170
34. P. Pringle, Dirty Business-Big Tobacco at the Bar of Justice, Aurum Press, 1998, p162-3
35. P. M. Fischer, P. Meyer, M D. Swartz, J. W. Richards, A. O. Goldstein, T. H. Rojas, Brand Logo Recognition by Children Aged 3 to 6 Years, JAMA, 1991, Vol 266, 11 December, p3145-3148
36. J. R. DiFranza, J W. Richards, P. M. Paulman, N. Wolf-Gillespie, C. Fletcher, R. Gaffe, D. Murray, RJR Nabisco's Cartoon Camel Promotes Camel Cigarette to Children, JAMA, 1991, Vol 266, No 22, 11 December, p3149-3153
37. Quoted in The Economist, The Search for El Dorado, 1992, 16 May, p21 [C.7] ; R. Kluger, Ashes to Ashes-America's Hundred-Year Cigarette War, the Public Health, and the Unabashed Triumph of Philip Morris, Alfred A. Knopf, New York, 1996, p 702
38. Quoted in R. Kluger, Ashes to Ashes-America's Hundred-Year Cigarette War, the Public Health, and the Unabashed Triumph of Philip Morris, Alfred A. Knopf, New York, 1996, p 702
39. J. Mindell, Direct Tobacco Advertising and Its Impact on Children, Journal of Smoking Related Disease, 1992, 3 (3), p275-284
40. J. di Giovanni, Cancer Country-Who's Lucky Now ?, The Sunday Times, 1992, 2

August, p12 [C.7.5]
41. Positive Health, Lady Killer, 1992, Summer [c.7.5]
42. G. B. Hastings, H. Ryan, P. Teer, A M MacKintosh, Cigarette Advertising and Children's Smoking: Why Reg Was Withdrawn, BMJ, 1994, Vol 309, 8 October, p933-937
43. R. McKie, M. Wroe, Legal Killers That Prey on Our Kids, The Observer, 1997, 23 March, p18; J. Kerr, S. Taylor, Tide is Burning, Daily Mirror, 1997, 22 March, p2
44. W. Ecenbarger, America's New Merchants of Death, Readers Digest, 1993 [C.7]
45. Morbidity and Mortality Weekly Report, Changes in the Cigarette Brand Preferences of Adolescent Smokers-United States, 1989-1993, 1994, 19 August, Vol43, No32 {Minn. Trial Exhibit 4,991}
46. P. J. Hilts, Smokescreen-The Truth Behind the Tobacco Industry Cover-Up, 1996, Addison Wesley, p91
47. P. Hilts, Ads Linked to Smoking By Children, New York Times, 1995, 18 October, pB9
48. R.Crain, Advertising Age, 1995, 30 October
49. P. J. Hilts, Smokescreen-The Truth Behind the Tobacco Industry Cover-Up, 1996, Addison Wesley, p96-8
50. S. L. Hwang, Liggett Heats Up US Tobacco Debate, Wall Street Journal (Europe), 1997, 25 March; R. Newton, R. Rivlin, The Smoking Gun, Sunday Telegraph, 1997, 23 March
51. Cancer Research Campaign, New Research Fuels Formula One Row, Press Release, 1997, 14 November
52. J.P. Pierce,; W.S. Choi; E.A. Gilpin; A.J. Farkas; C.C. Berry, Tobacco Industry Promotion of Cigarettes and Adolescent Smoking, JAMA, 1998, 18 February, 279:511-515
53. S. Boseley, Cigarette Adverts "do Persuade Adolescents to Smoke", The Guardian, 1998, 18 February
54. Pioneer Press, Youth tobacco marketing denied, R.J. Reynolds head: Files unknown to him, 1998, 6 March; D. Phelps, Youths and smoking dominate again at tobacco trial, Star Tribune, 1998, 6 March

第4章

1. Smee, C. Effect of tobacco advertising on tobacco consumption: a discussion document reviewing the evidence. Economic & Operational Research Division, Department of Health, 1992.
2. Andrews, RL and Franke, GR. The determinants of cigarette consumption: A

meta-analysis. Journal of Public Policy & Marketing 1991; 10: 81-100.
3. Reducing the Health Consequences of Smoking: 25 years of progress. A report of the Surgeon General, USDHHS, 1989.
4. S. A. Glantz, J. Slade, L. A. Bero, P. Hanauer, D. E. Barnes, The Cigarette Papers, University of California Press, 1996, p28 |1700.04| ; B&W, A Review of Health References in Cigarette Advertising, 1937-1964, No date, |Minn. Trial Exhibit 13,962|
5. B&W, A Review of Health References in Cigarette Advertising, 1937-1964, No date, |Minn. Trial Exhibit 13,962|
6. B&W, A Review of Health References in Cigarette Advertising, 1937-1964, No date, |Minn. Trial Exhibit 13,962|
7. Life Magazine, 1946, 23 December
8. B&W, A Review of Health References in Cigarette Advertising, 1937-1964, No date, |Minn. Trial Exhibit 13,962|
9. FTC, 1950 quoted in R. Kluger, Ashes to Ashes-America's Hundred-Year Cigarette War, the Public Health, and the Unabashed Triumph of Philip Morris, Alfred A. Knopf, New York, 1996, p130
10. United States Tobacco Journal, Cigarette Executives Expect Added Volume, 1950, 154 (26), 3, quoted in US Department of Health and Human Services, Preventing Tobacco Use Among Young People, A report of the Surgeon General, US Department of Health and Human Services, Public Health Service, Centres for Disease Control and Prevention, National Centre for Chronic Disease Prevention and Health Promotion, Office on Smoking and Health, 1994, p166
11. B&W, A Review of Health References in Cigarette Advertising, 1937-1964, No date, |Minn. Trial Exhibit 13,962|
12. P. Taylor, Smoke Ring-The Politics of Tobacco, 1984, Bodley Head, p29; R. Kluger, Ashes to Ashes-America's Hundred-Year Cigarette War, the Public Health, and the Unabashed Triumph of Philip Morris, Alfred A. Knopf, New York, 1996, p181
13. New York Times, 'Deceit' is Charged on Filter-Tip Ads, 1958, 20 February
14. FTC, Trade Regulation Rule for the Prevention of Unfair or Deceptive Advertising and Labelling of Cigarettes in Relation to the Health Hazards of Smoking and Accompanying Statement on Basis and Purpose of Rule, 1964, 22 June
15. J. Wilkinson, Tobacco-The Facts Behind the Smokescreen, 1986, Penguin, p98
16. R. Kluger, Ashes to Ashes-America's Hundred-Year Cigarette War, the Public Health, and the Unabashed Triumph of Philip Morris, Alfred A. Knopf, New York, 1996, p91
17. F. J. C. Roe, M.C. Pike, Smoking and Lung Cancer, Undated, |Minn. Trial Exhibit

11,041|
18. J. Burgard, Letter to R. Reeves, 1967, 10 November |2101.09|
19. Post−Keyes−Gardner Inc., Project Truth, Proposed Text for "Who's Next ? " Ad, Prepared for B&W, 1969, 17 October |2110.01|
20. R. Kluger, Ashes to Ashes−America's Hundred−Year Cigarette War, the Public Health, and the Unabashed Triumph of Philip Morris, Alfred A. Knopf, New York, 1996, p335
21. T. McGuiness & K. Cowling, Advertising and the Aggregate Demand for Cigarettes: An Empirical Analysis of a UK Market, Centre for Industrial Economic and Business Research at the University of Warwick, 1972, November, Number 31
22. ASH Questions and Answers to Imperial AGM, 1976, March [L&D Imp 24]
23. BAT Board Plan, Smoking and Health−Strategies and Constraints, 1976, December [L&D BAT 24]
24. R.C. Smith, Columbia Journalism Review, 1978, January; Quoted in R. Kluger, Ashes to Ashes−America's Hundred−Year Cigarette War, the Public Health, and the Unabashed Triumph of Philip Morris, Alfred A. Knopf, New York, 1996, p433
25. BAT, Post Jesterbury Conference, Future Communication Restrictions in Advertising, 1979, 10 July [c.7.1]
26. BAT, Post Jesterbury Conference, Future Communication Restrictions in Advertising, 1979, 10 July [c.7.1]
27. Imperial Tobacco Limited, "Player's Filter 1981 Creative Guidelines"
28. ABSA, Business and the Arts, A Guide for Sponsors, 1981
29. |Minn. www.tobacco.org|
30. P. Taylor, Smoke Ring−The Politics of Tobacco, 1984, Bodley Head, p110
31. S. Stallone, Letter to R. Kovoloff, 1983, 28 April |2404.02| ; J. Coleman, Memo to T. McAlevey, 1984, 8 February |2400.07|
32. E. Pepples, Memo to J. Coleman, 1983, 8 November
33. J. DeParle, Warning: Sports Stars May be Hazardous to Your Health, The Washington Monthly, 1989, September, p34−49
34. C. Turner, Cigarette Ads: The Aim is Branding, Campaign, 1986, 14 March
35. Tobacco International, 1987, 17 April
36. Tobacco International, 1987, 24 July
37. Quoted By D. Simpson, "What the Industry Would Say if it Were Here", Paper Presented at the 7th World Conference on Smoking and Health, 1990, Australia
38. Quoted By D. Simpson, "What the Industry Would Say if it Were Here", Paper Presented at the 7th World Conference on Smoking and Health, 1990, Australia
39. D. Guest, Racing Uncertainties for the Tobacco Giants, Marketing Week, 1987, 11

September, p45－47
40. E. Clark, Time to Smoke out Double Standards, Campaign, 1988, 6 May, p44－45
41. L. Heise, Unhealthy Alliance, World Watch, 1988, October, p20
42. Quoted in World in Action, Secrets of Safer Cigarettes, 1988
43. The Economist, The Search for El Dorado, 1992, 16 May, p21
44. Tobacco Issues, Hearings Before the Subcommittee on Transportation and Hazardous Materials of the Committee on Energy and Commerce, House of Representatives, HP 1250. 1989, 25 July [2406.01]
45. P. Waldman, Tobacco Firms Try Soft, Feminine Sell, Wall Street Journal, 1989, 19 December, p, B1, B10
46. A. Blum, Sounding Board－the Marlboro Grand Prix－Circumvention of the Television Ban on Tobacco Advertising, the New England Journal of Medicine, 1991, Vol 324, No13, p913－916
47. The Economist, The Search for El Dorado, 1992, 16 May, p21 [C.7]
48. The Economist, The Search for El Dorado, 1992, 16 May, p21 [C.7]
49. J. Palmer, P. Allen, New Labour, No Smoking, The Mirror, 1997, 8 May, p2
50. Department of Health, Government Fully Committed to Banning Tobacco Advertising－Tessa Jowell, Press Release, 1997, 14 May
51. B. Potter, Tobacco Chief to Fight Advert Ban, Daily Telegraph, 1997, 15 May; R. Tieman, Imperial Chief Hits At Advertising Ban, Financial Times, 1997, 15 May, p24
52. D. Rushe, Ban Sparks Price War on Cigarettes, Financial Mail on Sunday, 1997, 11 May, p1
53. N. Varley, Tobacco Loophole for Motor Racing, The Guardian, 1997, 20 May, p3
54. International Herald Tribune, Joe Camel to Become Extinct, 1997, 11 July
55. Department of Health, Number of Breaches of Tobacco Advertising Agreement Doubles in 12 Months, Press Release, 1997, 8 August
56. P. Nuki, Tobacco Firms Brew up Coffee to Beat the Ban, The Sunday Times, 1998, 18 January
57. M. Walker, EU Votes to Ban All Advertising, The Guardian, 1998, 14 May, p16

第5章

1. PL Short, BAT Co. Smoking and Health Item 7: the Effect on Marketing. 14th April 1977. Minnesota Trial Exhibit 10,585.
2. Russell MAH, Jarvis M, Iyer R, Feyerabend C. Relation of nicotine yield of cigarettes to blood nicotine concentrations in smokers. British Medical Journal 1980;280 (6219) :972－976.

References

3. Benowitz NL, Hall SM, Herning RI, et a. Smokers of low-yield cigarettes do not consume less nicotine. New England Journal of Medicine 1983;309 (3) :139-142.
4. F. Darkis, minutes of a meeting of Liggett scientists, March 29, 1954.cited in R. Kluger, Ashes to Ashes New York, 1996, p165
5. Star Tribune, Tobacco on Trial: Week in Review, 1998, 22 February
6. P. J. Hilts, Smokescreen-The Truth Behind the Tobacco Industry Cover-Up, 1996, Addison Wesley, p26 quoting CV Mace, Memo to R N DuPuis, Untitled, 1958, 24 July
7. BAT Research & Development, Complexity of the P.A.5.A. Machine and Variables Pool, 1959, 26 August [Minn 10,392]
8. H. Wakeham, Tobacco and Health-R&D Approach, 1961, 15 November {Cipollone 608; Minn. Trial Exhibit 10,300}
9. Quoted in Report of Special Master: Findings of Fact, Conclusions of Law and Recommendations Regarding Non-Liggett Privilege Claims, Minnesota Trial Court File Number C1-94-8565, 1998, 8 March, {Minn. Plaintiff's Exhibit 56 (1) BATCo 1026303333, p336} ; .B. Griffith, Letter to John Kirwan, B.A.T, 1963
10. A. McCormick, Smoking and Health: Policy on Research, Minutes of Southampton Meeting, 1962 {1102.01}
11. C. Ellis, BAT R&D, Note of a meeting to discuss ARIEL. 11 February 1964.
12. R. Griffith, Report to the Executive Committee [of a site visit to TRC Harrogate Research Laboratories] , 1965 {1105.01}
13. RJ Reynolds, Ammonisation, Undated, {Minn. Trial Exhibit 13,141}
14. BAT R&D Establishment, The Retention of Nicotine and Phenols in the Human Mouth, 1968, {BW-W2-11691}
15. F. J. C. Roe, M.C. Pike, Smoking and Lung Cancer, Undated, {Minn. Trial Exhibit 11,041}
16. Ad Hoc Committee of the Canadian Tobacco Industry, A Canadian Tobacco Industry Presentation on Smoking and Health, A Presentation to the House of Commons Standing Committee on Health, Welfare and Social Affairs,1969, 5 June, p1579-1689 Quoted in R. Cunningham, Smoke and Mirrors 1996, p162
17. S. Green, Research Conference Held at Hilton Head Island, S.C. Minutes, 1968, 24 September {1112.02}
18. BAT, Smoking and Health Session, Chelworth, 1971, 28 May [L&D UK Ind 24]
19. Liggett, 1972 [Minn.Att.Gen]
20. PL Short, BAT Co. A New Product. 1971, 21 October, {Minn Trial Exhibit 10,306}
21. G.C. Hargrove, Smoking and Health, 1970, 12 June [L&D BAT 9]
22. R. M. Gibb, Memo to Dr. S. Green, 1995, 13 February [L&D RJR/BAT 23]
23. L.F. Meyer, Inter-office memorandum to B. Goodman. Philip Morris USA, 1975, 17 September [Minn trial exhibit 11,564]

24. BAT Co, The Product in the Early 1980s, 1977, 25 March {Minn 11,386}
25. J. L. McKenzie, Product Characterization Definitions and Implications, 1976, 21 September {Minn. Trial Exhibit 12,270}
26. PL Short, Smoking and Health Item 7: the Effect on Marketing, 1977, 14 April {Minn Trial Exhibit 10,585}
27. E. Pepples, Industry Response to the Cigarette/Health Controversy, 1976, Internal Memo {2205.01}
28. P.N.Lee, Note on Tar Reduction For Hunter, Tobacco Advisory Council, 1979, 19 July [L&D UK Ind 33]
29. Dr. D. M. Conning, The Concept of Less Hazardous Cigarettes, 1978, 15 May {Minn. Trial Exhibit 11,792}
30. Kozlowski et al. American Journal of Public Health, November 1980. Quoted in R. Kluger, Ashes to Ashes, New York, 1996, p433
31. Quoted on Channel 4, Big Tobacco, Dispatches, 1996, 31 October
32. J. B. Richmond, Statement, Surgeon–General, 1981, 12 January; Surgeon–General, The Health Consequences of Smoking: The Changing Cigarette, A Report of the Surgeon–General, 1981, US Department of Health and Human Services, Public Health Service, p8
33. B&W, What are the Obstacles/Enemies of a Swing to Low 'Tar' and What Action Should we Take?, 1982, 2 July {Minn. Trial Exhibit 26,185}
34. L. Blackman, Notes of a Meeting of Tobacco Company Research Directors, Imperial Head Office, 1983, 16 February {Minn. Trial Exhibit 11,259}
35. BAT, Nicotine Conference, 1984, 6–8 June {Minn trial exhibit 18,998}
36. P. Sheehy, Confidential Internal Memo, 1986, 18 December {Minn. Trial Exhibit. 11,296}
37. Creative Research group, Project Viking, Volume 11: Am Attitudinal Model of Smoking, 1986, February–March, prepared for Imperial Tobacco Limited (Canada)
38. RJ Reynolds, The Over–smoking Issue (Tar to Nicotine Ratio), Undated–latest data used is November 1990, {Minn. Trial Exhibit 13,139}
39. RJ Reynolds, Rest Programme Review, 1991, 3 May {Minn. Trial Exhibit 13,165}
40. P. Pringle, Dirty Business–Big Tobacco at the Bar of Justice, Aurum Press, 1998, p33
41. The Guardian, Cigarette Tampering Denied, 1995, 19 October, p23
42. Quoted in Report of Special Master: Findings of Fact, Conclusions of Law and Recommendations Regarding Non–Liggett Privilege Claims, Minnesota Trial Court File Number C1–94–8565, 1998, 8 March {Minn Plaintiff's Exhibit 33 (1) RJR 513193867, p 867}
43. T. Tuinstra, Speaking Up, Tobacco Reporter, 1997, December, p30–32

第6章

1. Report of the Scientific Committee on Tobacco and Health. Department of Health, 1998
2. Law, M R et al. Environmental tobacco smoke exposure and ischaemic heart disease: an evaluation of the evidence. BMJ 1997: 315: 973-80
3. Smoking and the Young. Royal College of Physicians, 1992.
4. SCOTH, 1998
5. Health effects of exposure to environmental tobacco smoke. Report of the Office of Environmental Health Hazards Assessment, California, 1997.
6. E. Pepples, Memo to J. Blalock, 1973, 14 February |1814.01|
7. Tobacco Reporter, World Revolution in Tobacco Industry, 1976, 103 (7), p71-72; quoted in M. Teresa Cardador, A.R. Hazan, S. A. Glantz, Tobacco Industry Smoker's Rights Publications: A Content Analysis, American Journal of Public Health, 1985, Vol 85, No 9, September, p1212-1217
8. J. Esdterle, Biological Research Meeting, 1977, 27 November |1164.23|
9. S. Green, Notes on a Group Research & Development Conference, 1978, March, Minutes, 1978, 6 April |1174.01|
10. BAT Board Strategies, Smoking and Health, Questions and Answers, 1977, 25 November [L&D BAT 26]
11. E. Pepples, Campaign Report-Proposition 5, California, 1978, 1979, January |2302.05|
12. S. A. Glantz, J. Slade, L. A. Bero, P. Hanauer, D. E. Barnes, The Cigarette Papers, University of California Press, 1996, p59
13. J. Repace, A. Lowrey, Science, 1980, Vol 208, No 464; Quoted in R. Kluger, Ashes to Ashes-America's Hundred-Year Cigarette War, the Public Health, and the Unabashed Triumph of Philip Morris, Alfred A. Knopf, New York, 1996, p496
14. T. Hirayama, Non-Smoking Wives of Heavy Smokers have a Higher Risk of Lung Cancer; A Study from Japan, British Medical Journal, 1981, 282 (6259: 183-185) ; quoted in S. A. Glantz, J. Slade, L. A. Bero, P. Hanauer, D. E. Barnes, The Cigarette Papers, University of California Press, 1996, p59, 413
15. J. Wells, Re Smoking and Health-Tim Finnegan, Memo to E. Pepples, 1981, 24 July
16. BAT, Board Guidelines, Public Affairs, 1982, April |Minn. Trial Exhibit 13,866|
17. W. Irvin, Side-Stream Research, BAT, 1983 |1180.24|
18. US Surgeon General, 1986 report.
19. Independent Scientific Committee on Tobacco and Health, 1988
20. Patrick Sheehy, BAT. December, 1986.
21. BAT, Tobacco: Strategy Review Team, 1989, 10 November

22. J. P. Rupp, Letter to B. Brooks, Covington and Burling, 1988, 25 January; Proposal for the Organisation of the Whitecoat Project, No Date {Bates No: 2501474296}
23. BAT, Tobacco Strategy Review Team, 1988, 31 October {Minn. Trial Exhibit 11,540}
24. The Tobacco Institute, Smokers' Rights in the Workplace: An Employer Guide, 1989
25. Covington and Burling, Memorandum, Report on the European Consultancy Programme, 1990, Describes events of the 1 March, {Bates No 2500048956}
26. Tobacco Control, EPA – Special Report – Respiratory Health Effects of Passive Smoking: Lung Cancer and Other Disorders, 1993, No2, p71 – 79
27. Report of the Scientific Committee on Tobacco and Health, Department of Health, 1998, 11 March
28. Tobacco International, 1995, April, p3
29. R. Oram, Passive Smoking Claims Invalid, Financial Times, 1996, 16 October, p10
30. S. Boseley, "Foul Play" By Tobacco Firm, The Guardian, 1998, 9 March, P1
31. WHO, Passive Smoking Does Cause Lung Cancer, Do Not Let Them Fool You, Press Release, 1998, 9 March
32. G. Cooper, Living With A Smoker Can Kill You, The Independent, 1998, 12 March, p1; G. Cooper, Tobacco Barons Refuse to Back Down in Passive Smoking Battle, The Independent, 1998, 12 March, p5

第7章

1. R. Morelli, Packing it in, Marketing Week, 1991, 28 June, Vol 14, No 16, p30 – 34
2. R. Morelli, Packing it in, Marketing Week, 1991, 28 June, Vol 14, No 16, p30 – 34
3. Tobacco Reporter , Growth Through 2000, 1989, February
4. Talk to TMDP, Chelwood, 1990, August [L&D RJR／BAT 16]
5. Tobacco Reporter, RJR Restructures World – wide Tobacco Business, 1998, February, p10
6. Quoted in L. Heise, Unhealthy Alliance, World Watch, 1988, October, p20 [C.7]
7. G. Connolly, Smoking or Health: The International Marketing of Tobacco, Tobacco use in America Conference, 1989, 27 – 29 January, [C.7]
8. S. Sesser, Opium War Redux, The New Yorker, 1993, 13 September, p78 – 89; N E Collishaw, Is the Tobacco Epidemic Being Brought Under Control, Or Just Moved Around ? An International Perspective, Paper Presented at the 5th International Conference on the Reduction of Drug – Related Harm, Toronto, 1994, 6 – 10 March
9. J. Sweeney, Selling Cigarettes to the Africans, The Independent Magazine, 1988,

29 October
10. J. Sweeney, Selling Cigarettes to the Africans, The Independent Magazine, 1988, 29 October
11. Quoted in L. Heise, Unhealthy Alliance, World Watch, 1988, October, p20 [C.7]
12. M. Macalister, Making a Packet－the New Tobacco Gold－rush, the Observer Magazine, 1992, 8 November [C.7]
13. M. Macalister, Making a Packet－the New Tobacco Gold－rush, the Observer Magazine, 1992, 8 November [C.7]
14. H. Davidson, The Tobacco Giants' Shopping Spree, Institutional Investor, 1996, May, p37
15. M. Macalister, Making a Packet－the New Tobacco Gold－rush, the Observer Magazine, 1992, 8 November [C.7]
16. D. Doolittle, BAT Lengthens its Global Reach, Tobacco Reporter, 1991, July [C.7]
17. D. Ibison, Rothman's Joint Deal Opens Heavenly Gates, Window Magazine, 1992, No 4, 16 October

第8章

Note: many of these documents are available on the internet at the following sites:

Tobacco Resolution http://www.tobaccoresolution.com
Minnesota Trial Exhibits http://www.mnbluecrosstobacco.com/

1. D. Rogers, Overseas Memo, Tobacco Reporter, 1982, February
2. UK Smoking Statistics, Nicholas Wald and Ans Nicolaides－Bouman, Oxford University Press
3. R.Morelli, Packing it in, marketing Week, 1991, 28 June, Vol 14, No 16 p30－34
4. HEA, The Smoking Epidemic: Deaths in 1995, Christine Callum, p26
5. Putting Women In The Picture, Amanda Amos and Yvonne Bostock, p1, British Medical Association.
6. Women and Tobacco, p7, WHO, 1992
7. Women and Tobacco, p1, WHO, 1992
8. Living In Britain 1996 General household survey, Section 10 p152, The stationary office.
9. Cigarettes: What Warning Label Doesn't Tell You, Kristine Napier, The American council on science and health 1996
10. General Household Survey 1994, Office for national statistics
11. Health Education Authority, UK Health and Lifestyles Survey for 1992

12. Tobacco or health: A global status report, WHO, 1997, p13
13. ASH, Fact Sheet 14
14. R.J.Reynolds Doc Prepared by Decisions Center Inc, A Structural／Psychological segmentation of the adult female Market,1980, March (RJR,50107 3518－3545,Tobacco resolution)
15. American Tobacco Company,1993 November 17 (B&W／ATC, ATX040017950－ATX040017951,Tobacco Resolution)
16. Donald White, consultant to Brown and Williamson speaking in Brandweek 1992, September 7
17. Brown & Williamson, prepared by Geer Dubais, Staying ahead of a moving target, 1989 January (B&W, 300120527－300120531,Tobacco Resolution)
18. R.J.Reynolds, prepared by BBDO Research, Women's Response to Advertising Imagery, 1980 May (RJR,50195 3153－3265,Tobacco Resolution)
19. R.J.Reynolds, McCann－Erickson market research dept, Two Focussed Group Sessions To Explore Attitudes Toward Smoking & Cigarette Brands／Advertising, 1983 November (RJR,50083 7415－7423,Tobacco Resolution)
20. R.J. Reynolds, Project AA Analysis of Female Smokers, 1983 July 19 (RJR, 501759283－9314 Tobacco Resolution)
21. Brown & Williamson, prepared by Geer Dubais, Staying ahead of a moving target 1989 January (B&W, 300120527－300120531,Tobacco Resolution)
22. Marlboro Women, July 1995, Philip Morris, Tobacco Resolution 2040180402－443
23. R.J.Reynolds,1984, June 14 (RJR, 500627236－7237, Tobacco Resolution)
24. Brown & Williamson, prepared by Geer Dubais, Staying ahead of a moving target, 1989 January (B&W, 300120527－300120531,Tobacco Resolution)
25. Office Of National Statistics, Results from the 1996 general household survey. Published by the Stationary Office.
26. U.S Tobacco Journal, Cigarette Executives Expect Added Volume, 1950, (26), 3, quoted in US Department of Health and Human Services, Preventing Tobacco Use Among Young People, A report of the Surgeon General, US Department of Health and Human Services, Public health Service, Centres for Disease Control and Prevention, National Centre for Chronic Disease Prevention and Health Promotion, Office on Smoking and health,1994, p166
27. American Tobacco Vice President Charles Mullen, Quoted in Eden NC News 1983 Nov 10 (tobacco resolution)
28. British American Tobacco, 1990, page 1 (B&W,294000201－294000218,tobacco resolution)
29. Brown & Williamson, Kool and Viceroy Performance Compared Among Men and Women, 1967 March (B&W,170051672－170051673, Tobacco Resolution)
30. Brown & Williamson, Internal Correspondence, Female Smokers, 1983 Dec 21,

References

(B&W, 675206678 – 675206727,Tobacco Resolution)
31. Philip Morris, 1979 March 10, Minnesota Trial Exhibit 11808
32. Philip Morris, 1994 May, (PM, 2060119049,Tobacco resolution)
33. R.J.Reynolds, Analysis of the 18 – 24 year old Female Market, 1982 May 7 (RJR,50458 5351 – 5367,Tobacco Resolution)
34. letter to R.J.Reynolds received by them in 1991 Jan 4 (RJR, 507717536 – 7538,Tobacco resolution)
35. R.J.Reynolds, Public Statement on Marketing to Minorities,1990 (RJR,507756290 – 6290,tobacco Resolution)
36. R.J.Reynolds, Interoffice Memorandum, Marketing to Black Women, 1983 October 3 (RJR,50402 6558 – 6560,tobacco resolution)
37. Brown & Williamson, Prepared by Tri – Ad Plus 2 Consultants Ltd, 1979 June (676081548 – 676081596,tobacco resolution)
38. Women and Tobacco, World Health Organizatioon,1992, 1SBN 92 4 156147 5
39. Advocacy Institute, Women vs Smoking Network, Paper on RJR documents 1989 (tobacco resolution RJR 507641301 – 1306)
40. Brown & Williamson, Internal Correspondence, Assessment of the Remale Target Audience,1989 April 14 (B&W, 300206255 – 300206259,tobacco resolution)
41. Philip Morris, 1978 September, (PM,1004889255 – 9263,tobacco resolution)
42. Bobbie Jacobson, Beating the Ladykillers, Pluto Press 1986.
43. Brown & Williamson,1979 Febuary, Hawkinc McCain & Blumethal. (B&W,779103789 – 779103798, tobacco resolution)
44. European Commission, 1995, Eurobarometer 43.0.
45. A.Marsh, J.Matheson, Smoking Attitudes and Behaviour. An Enquiry carried out on Behalf of the DHSS,OPCS,HMSO, 1983
46. Jarvis M. Bates C. Why low tar cigarettes don't work, and how the tobacco industry fooled the smoking public. Report for ASH. Second edition February 1999.
47. Brown & Williamson,1979 Febuary, Hawkinc McCain & Blumethal. (B&W,779103789 – 779103798, tobacco resolution)
48. Brown & Williamson,1990 (B&W,673003195 – 673003204,tobacco resolution)
49. Philip Morris, Virginia slims introduces the low tar cigarette made just for women (PM,1005064182 – 4229, tobacco resolution)
50. Brown & Williamson,1981 January, Social Trends Among Female Smokers, McCann Erickson Inc,Page 18 (B&W, 677046079 – 677046106,tobacco resolution)
51. Health Education Authority, The Smoking Epidemic, Counting the cost in England: HEA 1991.
52. Health or Smoking ? A follow – up report o the Royal College of Physicians, Pitman Medical, 1983

53. The Tobacco Institute, 1980 January, (Brown & Williamson, 680548502 – 680548527,tobacco resolution)
54. Ibid
55. Ibid
56. Ibid
57. Ibid
58. Minnesota Trial Exhibit 10 602, BAT, 1974, Policies and strategies.
59. Tobacco Reporter, Summer 1998, Editorial by Taco Tuinstra.
60. Peto R. et al Emerging Tobacco Hazards in China, Clinical Trial Service Unit, University of Oxford, November 1998. Press release.
61. World Tobacco, July 1998, article Chinese Smokers Take to Slim Cigarettes, by Li Hui.
62. Mr Zheng Tianyi, manager of Kunming Cigarette Factory, quoted in above article.
63. Tamsyn Seimon a tobacco researcher quoted in a World Development Movement paper titled Burning Issue Multinational tobacco marketing 1998.
64. Source: Magazine of World Development Movement, WDM in Action, Autumn 1998, In the Line Of Fire by Rebecca McQuillan.

あとがき

津田　敏秀

　タバコ産業の内部文書は何度読んでも、私の心にある種の興奮を喚起します。そこには、練り上げられたマーケティング戦略とその成功という、現代の市場経済の最先端をかいま見る興奮があるのです。さらに、周りの人たちが知らない秘密を知るような興奮もあります。そして何よりも、企業倫理などものともしない組織だった悪徳をかいま見る"禁断の興奮"があります。

　これはタバコを吸い始める10代の青少年の気持ちに通じるものかもしれません。タバコにより社会が受けている影響、とりわけ能動喫煙や受動喫煙の被害に遭ったひとびとやその家族の苦痛を身近なものとして感じなければ、この興奮を押しとどめるものはありません。

　このような興奮は、勧善懲悪もののテレビ番組や映画の前半部分を見ている時の興奮とも似ています。しかし現実に生じたタバコ産業のワルぶりは、「水戸黄門」や「暴れん坊将軍」に登場するワルとは比べものにならない生々しい興奮を呼び起こします。

　このような興奮を感じる自分はなんて悪いヤツなんだと思いながらも、この興奮が章ごとに醒めるのを避けるために、各章の解説はなるべくコンパクトにするように試みました。いかがでしたか？

　実際、タバコ産業は数多く生じる訴訟に対応するために、弁護士に多くの決断をゆだねています。そして弁護士たちは、内部資料が裁判をきっかけに明るみに出ないようにするために、たとえ「科学的資料」であっても弁護士とその依頼人の間の「業務上の生産物」として管理しました。

　現在の米国では、原告が勝って被告のタバコ産業側が負けるのが当たり前になっている「タバコ訴訟」ですが、これらの内部文書が

明らかになるまでは、タバコ産業側が負けることは非常に稀でした。原告はたとえ一部の訴訟で勝ったとしてもすぐに控訴されてしまい、そして無限とも思える資金力を投じて裁判に臨むタバコ産業側を前に自ら提訴を取り下げざるを得ませんでした。

政界では、タバコ産業のロビイストが豊富な資金を使って、政治家を巻き込んでいきました。何もタバコ産業に有利な法案を通してくれなくてもよいのです。沈黙してくれるだけでもタバコ産業に有利に働きます。沈黙するだけだったら、露見したところで犯罪には問われないでしょう。

「タバコ会社のロビー活動とは、法案を潰すか、修正するか、骨抜きにすることである」「彼ら政治家が沈黙し活動しないことにカネを払うこともよくある」とタバコ会社の元ロビイスト、ヴィクター・L・クロフォードは、『タバコ・ウォーズ』の著者に素直に語っています。

私たちも「ワルの内部文書を翻訳して解説して売り出すなど、おまえたちもワルよのう、フォッ、フォッ、フォッ……、だがまだまだ我々の方が上手を行っているし奥の手もあるぞ」なんてタバコ産業から笑われれば、本書の目的の一部は達成したのかもしれません。

本書に示されたような内部文書は、タバコ産業の内側から徐々に運び出されました。メレル・ウィリアムズ氏は、ブラウン・アンド・ウィリアムソンの調査部門の法律家補助員として、来る日も来る日も社内文書を読んでいたそうです。かつて喫煙者だった彼は、この内部文書を読むことでタバコを吸うのをやめます。彼は「シャツの下に身につけている幅の広い帯状の背当ての中に書類をすべり込ませ、それを腹部に隠したまま外に出て、コピーを取ってからもとにもどした」そうです（『タバコ・ウォーズ』）。これが、『タバコ・ウォーズ』の著者に届けられました。そして、タバコ産業の内

あとがき

部文書はさまざまな角度から公けにされるようになります。

　明らかにされたタバコ産業の膨大な内部文書はライブラリーになって保存され、その中身は適宜公開され医学雑誌等に発表されています。またインターネットからも見ることができます（http://www.library.ucsf.edu/tobacco/）。英語圏の国々では、これらの文書の存在が知れ渡ったために、タバコ産業は信頼を失墜したどころか、麻薬の売人、麻薬産業、あるいは悪の帝国であるかのように認識されるようになりました。

　タバコ産業の研究者はナチス・ドイツの医学者と比較されて、その心理を探られています。なぜこれだけの悪徳が普通の人間によって行われ得るのかは、悪の心理学とも言うべき研究を行わなければ理由がわからず、再発も防げないというわけです。

　日本でしばしば、米国やヨーロッパなどでの禁煙政策が行きすぎたものとして受け止められるのは、このような背景知識がまだ知れ渡っていないからです。米国での動きは受動喫煙の害や内部文書が明らかになるまで対応が遅れたのを取り戻そうとしているように思えます。喫煙対策が世界で最も進んだ英国では、このような内部文書が明らかになる以前から、すなわち『タバコと健康』（1962年）という報告書が出された直後から対策が進み、1970年代には早くも肺癌が減少し始めていました。米国の公衆衛生学者たちは、米国のタバコ対策が遅れてしまったことを素直に学会誌で告白しています。

　タバコ産業は、しばしばアルコールやコーヒーという嗜好品とタバコを同列に扱おうとします。しかし、タバコの依存性がこれらの嗜好品とは明らかに異なるということは、すでに本書が説明したとおりです。さらに、タバコという商品を売り続けることがアルコールやコーヒーを販売するのとは全く異なるのは、次の米国公衆衛生局長官の言葉で説明できます。

「タバコは正しい使い方により体に明らかな害を及ぼす、唯一の合法的な商品です」

　ここでカリフォルニア州在住の高校時代の友人が、最近ロサンゼルス・タイムズに出ていた記事を見て送ってくれたメールを引用します。

　　　うんざりされるかもしれませんが、たまたま今朝のロサンゼルス・タイムズの第1面にタバコの記事が出ていました。
　　　　　　　　　　　：
　　　　　　　　　　中略
　　　　　　　　　　　：
　　　要するに米国のタバコ農家は、規制と禁煙教育が厳しくなり、国民が吸わなくなったので、どんどん商売がやりにくくなっているというお話です。なぜわざわざここに書くのかというと、またしても「日本」が出てきていたから。
　　　米国南部ノースカロライナ州のタバコ農家のグレン・ターニッジの発言によると、「（あるタバコの葉の束をわきへどけながら）こいつはやたらといがらっぽい煙を出す。こんなのを買うのは日本人だけだ。（別の葉を取り上げながら）でもこっちは違う。トップグレードだ。これこそ熟成して、なんとも言えない良い香りをかもし出す。これこそ米国で一番のタバコだ」

　日本に比べればまだましとはいえ、ちょっと危ない米国経済の救済に日本が一役買っているのかもしれません。何か阿片戦争の頃の大英帝国と清国の関係を彷彿とさせるではありませんか。本書第1章に出てくるタバコ会社役員の問題発言「タバコを吸う権利なんか、誰それと誰それと誰それに謹んでさしあげます」の最後に、「お人好

あとがき

しの日本国民」も加えられていたのかもしれませんね。

　本書の原題は、『Tobacco Explained』です。タバコ産業が自らタバコの害を語り、タバコを成人男性だけでなく、未成年者に、女性に、発展途上国に、旧共産圏諸国に、どのように売りさばこうとしてきたかが、タバコ産業関係者自身の言葉で説明されているという意味です。

　しかし、これはあくまで欧米タバコ産業の言葉です。一方、日本のたばこ産業は、何について、どのように語っているのでしょうか？　日本なりのいわば「The Japanese Tobacco Explained」という出版物が世に出る日も来るのでしょうか？　その出版物には、タバコが長い間専売といういわば「国営」状態であった以上、政府関係者の言葉も含まれることになるのかもしれません。米国映画のように「インサイダー」が、貴重な情報を提供してくれることもあるやもしれません。

　この本の出版は、元をたどれば、英国のNGOであるASHがホームページにて公開していた「Tobacco Explained」を訳して公衆衛生ネットワークという公衆衛生関係者向けのメーリングリストに連載で発表し続けてこられた切明義孝さんと、タバコ問題に関してわざわざ岡山まで取材に来られた作家の川端裕人さんとの出会いがきっかけでした。

　切明さんが中心となって創設された公衆衛生ネットワーク（http://home.att.ne.jp/star/publichealth/）は現在、全国の1340人を超える公衆衛生関係者に貴重な情報を提供し、文字どおりネットワークを作っています。このネットワークからは国内だけでなく国際的な情報が次々と入手できます。

　その公衆衛生ネットワークの山岡雅顕さん、薗はじめさん（通称

ピンク先生)、望月由美子さん、原田久さん、歯科医の豊嶋義博さん、そして翻訳をしてくださった上野陽子さん、ご校閲の労を賜りました宮野由美子さん、なによりも翻訳に快くOKを出してくださいましたASHの元代表クリフ・ベイツさん、そしてASHリサーチマネジャー、アマンダ・サンドフォードさんなど、本書が完成にこぎつけるまでにたくさんの方々の尽力がありました。この場を借りて御礼申し上げます。最後に、出版に関して何の知識もなかった私たちに対してさまざまな手ほどきをいただき出版へと導いてくださいました日経BP社出版局編集第二部の柳瀬博一さんにお礼を申し上げます。ありがとうございました。

なおASHについては5ページに、詳しく紹介しております。ぜひ、ご参照ください。

主な参考文献

「タバコ・ウォーズー米タバコ帝国の栄光と崩壊ー」
(フィリップ・J・ヒルツ著、小林薫訳、早川書房)
ISBN 4-15-208183-X、原題「Smoke Screen」

「リスキー・ビジネス」
(ジョン・スタウバー、シェルドン・ランプトン著、栗原百代訳、角川書店)
ISBN 4-04-791414-2、原題「Trust Us, We're Experts!」

「成功する政府、失敗する政府」
(A・グレーザー、L・S・ローゼンバーグ著、井堀利宏ら訳、岩波書店)
ISBN 4-00-023645-8、原題「Why Government Succeeds and Why It Fails」

「対策はどこまで進んでいるか. たばこ流行の抑制. たばこ対策と経済」
(世界銀行、原文名「Development In Practice. Curbing the Epidemic. Governments and the Economic of Tobacco Control」、
ISBN 0-8213-4519-2、日本語訳は以下のサイトから無料で入手できます。
http://www.health-net.or.jp/tobacco/ sekaiginkou/Title.html)

「禁煙ドクターが教えるタバコのやめ方」
　（山岡雅顕著、双葉社）
　　ISBN　4-575-47552-1

「やめる禁煙、治す禁煙」
　（薗はじめ著、大月書店）
　　ISBN　4-272-61211-5

「The Cigarette Papers」
　（Glantz, Slade, Bero, Hanauer, Barnes 著、University of California Press）
　　ISBN0-520-21372-6

「Regulating Tobacco」
　（Robert L. Rabin and Stephen D. Sugarman 編、Oxford University Press）
　　ISBN 0-19-514756-1

「Nicotine and Public Health」
　（Robert Ferrence, Robin room and Marilyn Pope 編、American Public Health Association）
　　ISBN 0-87553-249-7

付記——日本の情勢について

津田　敏秀

　この本が企画されてからようやく出版にこぎつけるまでに、いつの間にか2年あまりの月日が経ってしまいました。企画された時から数えて3回目の世界禁煙デーを迎えた今から振り返ると、このわずかの間に、日本のタバコ情勢も大きく変化してきたことがわかります。

　2000年初春、当時の厚生省は21世紀の国民の健康目標を策定する会議「健康日本21」を開催しました。会議に召集されたのは公衆衛生学者を中心とする有識者たちです。この会議では、日本国民の健康状態や疾病状態などの統計データをもとに、「より健康的な社会をつくるにはどんな目標が必要なのか」を論議し、いくつかの具体的な目標を打ち出しました。まことにけっこうな話です。

　ところが、奇妙なことが起きました。実は会議の真っ最中には明示されていた成人の喫煙率の削減目標「50％減」という表題が、いざ会議の結果が公表されてみるとどこにも載っていなかったのです。会議中に挙げられた他の目標はすべて残っているのに、どうにも不自然な話でした。

　なぜ、そんなことが起きたのか。理由を探ると、驚くべき事実が浮上しました。タバコがらみの利権を押さえていた国会議員が強烈な圧力を厚生省の官僚にかけ、そのうえ、会議に参加していた一部学者が寝返るかたちで、「成人の喫煙率の削減目標」は削除されてしまったというのです。

　この話は一般には公表されてはいませんが、生々しい議事録が現存します。それに目を通すと、日本におけるタバコ問題の難しさと複雑さに頭が痛くなります。

　けれどもその後、流れは徐々に変わり始めました。日本でもよう

やくタバコ対策が本格化する動きが見えてきたのです。

　2002年、東京都千代田区をはじめとする都市での路上喫煙の禁止が始まりました。罰金を取られた喫煙者の方々には気の毒でしたが、これがおおむね好評だったようで、東京都の他の区や、他の大都市でも採用されるようになり、全国的な広がりを見せ始めました。東京へ出張した際に私は駅前のビジネスホテルに泊まります。朝の「出勤」の始まりは、最寄りの駅に向かうこととなり、出勤の流れとは反対の方向へ歩かなければなりません。その最寄りの駅に電車が到着する度にどっと人が私の方に向かって押し寄せます。これ自体は怖くないのですが、その人の波と一緒に歩きタバコの火が向かってくるのです。電車の中では我慢していた禁断症状の結果、電車を降りて一斉にタバコに火をつけるのです。この怖さは同じ流れに乗っかっている人には恐らくわからないのではないでしょうか？　子供だったらちょうど目の高さに火が灯っていることになります。

　路上喫煙の禁止で、この火がなくなりました。またJRを除いて駅の構内での喫煙もなくなりました。ホームで立つ場所を選ぶ必要がなくなった人も多いのではないでしょうか？

　また2002年（平成14年）7月26日に可決成立した健康増進法も、意外に効果を発揮し始めました。健康増進法を見てみましょう。「第5章第2節　受動喫煙の防止　第25条　学校、体育館、病院、劇場、観覧場、集会場、展示場、百貨店、事務所、官公庁施設、飲食店その他の多数の者が利用する施設を管理する者には、これらを利用する者について、受動喫煙（室内又はこれに準ずる環境において、他人のタバコの煙を吸わされることをいう）を防止するために必要な措置を講ずるように努めなければならない」というものです。これによって、公的機関や大企業ではいっせいに受動喫煙の防止策を始めました。罰則規定がないのでその効果のほどが危ぶまれていた

のですが、やはり法律があるのとないのとでは違いました。全店禁煙もしくは完全分煙の飲食店が増え、都会ではタバコの煙にむせなくてもコーヒーや紅茶を飲み、ランチを食べることが可能になりました。ちなみに2002年6月12日公表の厚生労働省分煙効果判定基準は、方法として全面禁煙と排気装置による完全分煙をあげています。ご参考ください。ただし空気清浄機・分煙機はタバコ煙の有害物質が素通りするため無効です。

　しかし対策が一向に進まないのは未成年の喫煙です。自動販売機で自由に購買することができるのですから進むはずがありません。一方、酒類の自動販売機は多くの都会でなかなかお目にかかれなくなっています。またサッカーくじのtotoも対面販売です。なぜタバコの自動販売機だけが野放しなのでしょうか？　本書をお読みになった皆さんにはその理由がよく理解していただけるものと思います。2004年、鳥取大学医学部の尾崎米厚助教授は、12歳から19歳の未成年者が少なくとも年間46億2200万本のタバコを吸っているという推計をまとめました。その消費額は578億円、タバコ税額は354億円です。これは2000年度に厚生省研究班が行った喫煙行動調査の結果を利用したものです。直近1ヵ月間の喫煙率は中1で男子が6％、女子が4％、高3で男子が37％、女子が16％です。

　「健康日本21」によると、日本の未成年の喫煙率削減目標はゼロのはずです。しかし罰則規定がないために全く効果がありません。一方、アメリカでの未成年の喫煙率削減目標は60％削減であり、達成されない場合にはタバコ産業が罰金を支払わなければなりません。どちらの国が未成年者の喫煙に対して本気かがよくわかります。

　2003年、世界保健機関WHOのタバコ条約に対して、日本国は抵抗を試みながらも、結局受け入れざるを得なくなりました。タバコの警告表示が今後タバコの害をはっきりとわかりやすく示されるよう

付記——日本の情勢について

になり、タバコ広告も規制されるようになります。外圧に弱い日本ですので、さらにタバコ対策が進むことが期待できます。

たばこ病訴訟についても若干説明しておかなければなりません。タバコ病訴訟は、能動喫煙者で肺癌・喉頭癌・肺気腫というタバコ喫煙と極めて関連が強い疾患に罹った人たちが、製造者の日本たばこ産業（JT）と対策を怠った国を相手に損害賠償を請求した民事裁判です。全米において集団訴訟などで何兆円、何十兆円の賠償金を勝ち取っている元喫煙者による裁判と同じような裁判です。ちなみに米国では、JTも和解によって責任を認め、賠償金を支払っています。JTインターナショナルのホームページには英語で「安全なタバコなどないことを認めます」と載っています。

ところが、同じ文章が日本語のJTのホームページには載っていません。自分で吸っておいて何をいまさら損害賠償だなんて原告の方々や弁護団の皆さんは言われたこともあったようですが、弁護士さんは手弁当での弁護であり、原告の皆さんもむしろタバコ対策の推進を求めています。

本書をお読みになった皆さんは、タバコの依存性の強さ、あるいはタバコの依存症のことをずっと前から当のタバコ産業が知っていたはずである、とご理解いただけるでしょう。よってこうした裁判の意義もおわかりいただけるのではないでしょうか。実際、タバコの害は1960年当初からわかっていたのに、国民にはほとんど知らされないままでした。タバコの警告表示はないに等しく、タバコ広告に対する規制もゆるいのです。自動販売機はいまだに野放しです。先進諸国では珍しい現象がなお続いています。

日本のたばこ病訴訟では、日本政府は最後までタバコと肺癌・喉頭癌・肺気腫との因果関係を認めないまま押し通しました。この政府の態度は現在の国家賠償訴訟のひとつの特徴を表しており、きち

んと見直されなければならないでしょう。タバコ関連の訴訟で、被告席に座っている政府は日本政府だけです。諸外国政府はタバコ関連に費やした公的医療費の返還訴訟で原告となっています。

　2003年10月、東京地方裁判所で判決が下されました。喫煙者の裁判長が下した判決は原告の請求を全て退けた一方的なものでした。単なる原告の敗訴にとどまらず、世界保健機関WHOの見解や世界中の医学的知見に全く背を向けた判決でした。予想どおり、新聞各紙は社説等でこの時代遅れで非科学的な判決を非難しました。英字新聞は一面トップでこの珍しい判決を知らせました。依存性は弱いとまで書いたこの判決に関しては、法学分野や医学分野で十分な検討がなされたのにもかかわらず、なぜこのような判決がこの時期に下されるような経過になったのか、背景を含め分析がなされる必要があると思います。

　2004年、有名な国際医学雑誌「ランセット」の5月29日号（Lancet 2004；363：1820-24）に、タバコの害を曖昧にするマニュアルや受動喫煙の影響を否定する方法などの指南をアメリカのタバコ会社フィリップモリス社から日本たばこ（JT）が受けていたという内部文書が発表されました。JTは、低タールタバコは消費者からの要望により発売したかのように主張していましたが、実は発癌性を低くするために必要だったこと、またニコチンに関するデータの改ざんまでも行っていたことなども内部文書から読み取れました。したがって、JTも早い時期からタバコの危険性を認識していたことになります。こうしたJTの対応は、大きな社会的批判を受けた三菱自動車のリコール問題とどこが違うのでしょうか。ましてや被害者の数は、タバコ問題のほうがリコール問題より圧倒的に多いのです。そして、この巨大な問題に対して、社会はいつまで沈黙を続けるのでしょうか？　今後の動向に注目したいものです。

著者紹介

ASH（Action on Smoking and Health）
1971年、Royal College of Physicans（英国王立内科専門医会）によって設立された民間健康推進団体。各種ロビー活動や広報活動を通じ、英国内の喫煙率低下の促進に取り組む。1998年にASHが発表した本書の原著『Tobacco Explained』は米国の数々のタバコ訴訟の過程で公表されたタバコ産業の内部文書を編集したもので、2001年開催された世界禁煙デーのときに、世界保健機関WHOがインターネットでその内容を世界中に知らしめた。なお、ASHの現在の活動ぶりや『Tobacco Explained』の原文はホームページ（http://ash.org.uk/）で閲覧できる。連絡も同ページからEメールにて可能。
住所：102 Clifton Street LONDON EC2A 4HW

翻訳・解説者紹介

切明　義孝（きりあけ・よしたか）
公衆衛生医師。1965年福岡市筑後市生まれ。1990年産業医科大学卒業、同年岡山大学医学部第一内科入局、同年より川崎製鉄株式会社（現JFE）水島製鉄所の産業医として従業員の健康管理に従事し、関連会社を含む職場の分煙化を推進する。99年より東京医科大学衛生学公衆衛生学教室専攻生、現在、東京都福祉保健局保健政策部健康推進課勤務、公衆衛生ネットワーク（http://home.att.ne.jp/star/publichealth/）を主催。

津田　敏秀（つだ・としひで）
医師／大学講師。1958年兵庫県姫路市生まれ。85年岡山大学医学部卒業、89年岡山大学医学部医学研究科修了（医学博士）。現在、岡山大学大学院医歯学総合研究科、社会環境生命科学専攻、長寿社会医学講座・医療経済学講座兼任講師。専攻は疫学、環境医学、医療経済学、因果関係論。著書に『市民のための疫学入門－医学ニュースから環境裁判まで』（緑風出版）、『医学者は公害事件で何をしてきたのか』（岩波書店）、『医学書院・医学大辞典』（医学書院、共著）ほか。

上野　陽子（うえの・ようこ）
翻訳家／エディター。立教大学卒業後、ボストン大学コミュニケーション学部修士課程修了。通信社、出版社を経てフリー。著書に『海外ネット通販百科』（日経BP社）、『らくらく英文E-mail137』（アスキー）、訳書に『ぐっすり眠りたいヒトの快眠本』（アスキー）などがある。

悪魔のマーケティング　タバコ産業が語った真実

2005年1月24日　初版1刷発行

著　者	ASH－Action on Smoking and Health
翻訳・解説	切明　義孝
	津田　敏秀
翻訳・編集協力	上野　陽子
装　丁	木継　則幸（インフォバーン）
レイアウト	アートマン
発行人	斎野　亨
発　行	日経BP社
発　売	日経BP出版センター
	〒102-8622
	東京都千代田区平河町2－7－6
	電話　03－3221－4640（編集）
	03－3238－7200（販売）
	URL　http://store.nikkeibp.co.jp/
印刷・製本	株式会社シナノ

本書の無断複写複製（コピー）は、特定の場合を除き、
著作者・出版者の権利侵害となります。

©Action on Smoking and Health,2005
Printed in Japan
ISBN 4-8222-4342-7